Geographische Hochschulmanuskripte (GHM)
Heft 8

D1668874

Zwischen

Naturbeschreibung

und Ideologie

Versuch einer Rekonstruktion der Wissenschaftsgeschichte der deutschen Geomorphologie

von Hartwig Böttcher

Des X... explorance
Reisefiebers ...

Der Beschowy gegeneur wiedernsld
ich der Ritterle vorwit

INHALTSVERZEICHNIS

Vereitungsgesetze u. darauf aufbauende Klassifikationen
~~Vereitungsges~~ /regionale
134

Interesse f. Geogr. 14
↳ 1880

Peschel 16

S. 33 fragw.

		Seite
0.	Vorwort	5
1.	Einleitung	7
2.	Die programmatische und methodologische Neukonstitution der Allgemeinen Physischen Geographie in der zweiten Hälfte des 19. Jahrhunderts	
2.1	Die Begründungsprobleme einer Allgemeinen Physischen Geographie als beschreibende Naturwissenschaft im Rahmen einer geographischen Theorie des Mensch-Natur-Verhältnisses	15
2.2	Die methodologische Restitution der geographischen Teleologie unter dem Einfluß der Forschungspraxis der Entdeckungsreisenden	34
3.	Experiment oder regionalisierende Klassifikation? Die Entwicklung der deutschen Geomorphologie	51

Ritters Naturgesetze: der verfindbare Sinn 23

12

umpersponeil tierwirft der geomorph. Begriffe ss

Ferienperspektive 5   g. als Lieferantin von Basiswissen 11

Auge 122

Ritter, Bildung 21

3.1 Die "Kräftelehre" - das gescheiterte
    Konzept einer Klassifikation der Ober-
    flächenformen auf physikalischer
    Grundlage   53

3.2 William Morris Davis' zyklisches
    Evolutionsmodell zur "erklärenden Be-
    schreibung" der Oberflächenformen als
    Versuch, die Frage nach den Formungs-
    mechanismen zu umgehen   71

3.3 Die Formulierung des Programms der
    klimatischen Geomorphologie im Kontext
    der Auseinandersetzung der deutschen
    Geographie mit Davis   90

3.4 Zirkuläre "Theorien" als Konsequenz
    einer regionalistischen Klassifikation
    der Oberflächenformen - eine exempla-
    rische Diskussion des Ansatzes der kli-
    matischen Geomorphologie   103

4. Zusammenfassung und Schlußfolgerungen   135

Literaturverzeichnis   140

[handwritte Anmerkung:] → *Leupreiber de Newrerss. en 27*
ihr 'einheit' Ausperspunkte
→ ort einmal leon.fijieren, ...

0. VORWORT

[handschriftliche Anmerkungen am Rand]

Die vorliegende Arbeit habe ich - von unwesentlichen Veränderungen abgesehen -
zum Abschluß meines Geographiestudiums als Examensarbeit vorgelegt. Angeregt
durch den Schulerdkunde-Unterricht, der mir einen ersten Eindruck von dem, was
ich für die "Gesetze" der "Natur" hielt, vermittelt hatte (seinerzeit war das
Thema der Klasse 11), habe ich mich für das Studium der Geographie entschieden,
mit dem Ziel, das während des Studiums erworbene Wissen an folgende Schülergene-
rationen weiterzugeben. Was mich angezogen hatte, waren die mir aus der heimi-
schen Natur fremden Absonderlichkeiten dessen, was von Geographen als "Formenschatz der Erde" bezeichnet wird, vor allem aber die anschaulichen Erklärungen
ihrer Entstehung im Seydlitz Band, die nachzuvollziehen mir so etwas wie Vor-
stellungsvermögen und Fähigkeit zu logischem Denken zu erfordern schien. Dieser
Motivation folgend habe ich den Schwerpunkt meines Studiums von Anfang an auf die
Geomorphologie gelegt und bin dem, obwohl ich mich schon bald in meinen Erwartun-
gen enttäuscht sah, eigentlich bis zum Schluß - wenn auch mit veränderter Motivation - treu geblieben.

Die Veröffentlichung dieser Arbeit hat vor allem das Ziel, Studienanfängern davon
abzuraten, ein gleiches zu tun, wenn sie wie ich Lehrer werden wollen. Wer sich
durch das Vorkommen von Flußmäandern, Schwemmfächern, Strandwällen, Barchanen und
Seitenmoränen beeindruckt fühlt, der sollte, wenn er Lehrer werden will, sie auf
Ferienreisen statt auf geographischen Exkursionen in Augenschein nehmen, oder
aber, wenn er an einer Erklärung mit dem Ziel der Beherrschung und Steuerung der
Prozesse interessiert ist, die zu ihrer Entstehung und Veränderung führen, bei-
zeiten seine mathematischen und physikalischen Kenntnisse zu erweitern suchen,
sich mit Lehrbüchern der Hydromechanik usw. vertraut machen - und seine Berufs-
perspektive ändern.

[handschriftliche Anmerkung unten:]
→ *Alle 'Idea', die ... einer 'mensch.',*
Natur ..., ... nur als
den Morphohogie ... 25
Mythologie ... Poesie →

Die Forschungspraxis der deutschen Geomorphologie legitimiert sich, wie ich zu zeigen versucht habe, methodologisch aus dem klassischen "Naturdeterminismus" (ohne ihm noch ausschlachtbare Ergebnisse liefern zu können). Er rechtfertigt letztlich die Einbettung der Geomorphologie in die Geographie. Mir scheint, daß dieser Naturdeterminismus selbst innerhalb der herrschenden Ideologie an Boden verloren hat. Wenn trotzdem die Geomorphologie heute vielfach noch ein zentraler Bereich des institutionellen Geographiestudiums ist, so kann es für Studenten der Geographie nur das Ziel sein, sich gegen das mühsame und zeitaufwendige Exerzieren traditionell-geomorphologischer Lehrmeinungen zur Wehr zu setzen. Vielleicht kann diese Arbeit dabei als Argumentationshilfe dienen und so den notwendigen Prozeß der Auseinandersetzung mit dem Lehrgebäude der Geomorphologie abzukürzen helfen, selbst wenn sie bereits 1974 abgeschlossen wurde und daher Veröffentlichungen jüngeren Datums nicht berücksichtigt.

In ihrem ausschließlichen Bezug auf Geomorphologie ist sie ein zufälliger Momentausschnitt, der durch die Zeit meines Studiums und die damit gegebene institutionelle Situation bestimmt wurde.

Die Behandlung der Geomorphologie kann aber auch als Fallbeispiel dienen, ist also durchaus auf die aktuelle Situation übertragbar, soweit diese durch den partiellen Verlust an geomorphologischer Dominanz in der Physischen Geographie charakterisiert ist.

Die neueste Entwicklung gibt den wesentlichen Thesen meiner Arbeit Recht, auch wenn diese nicht auf den geo-ökologischen Trend der Physischen Geographie Bezug nimmt. Denn gerade die krampfhaften Relevanzbeweise bei den Modernisierungsversuchen der Physischen Geographie rekurrieren metatheoretisch auf das, was ich als Basisorientierung und Innovationsbarriere des geomorphologischen Paradigmas gezeigt habe, auf die alte, philosophische Ökologie-Perspektive, das Mensch-Natur-Verhältnis. Sie mobilisieren als naturwissenschaftliche Theorieperspektive (!) den Bodensatz des Geographieverständnisses der Umgangssprache, um gesellschaftliches Überleben zu sichern: den Schein der unmittelbaren Abhängigkeit der Gesellschaft von der konkreten Natur. In diesem Sinne sind sie "geographisch" trotz des zunehmenden Einsatzes experimenteller Techniken bei der Bearbeitung der Details solcher Fragen.

I. EINLEITUNG

Nach Hard lassen sich in der heutigen Geomorphologie, sofern man sich nicht auf den deutschen Sprachbereich beschränkt, zwei in ihrem theoretischen Interesse divergierende Forschungsansätze unterscheiden:

"Wenn man sich ... eine gelinde 'Purifizierung zum Idealtyp' gestattet, kann man ... zwischen einer historisch-geologischen, 'idiographischen' Geomorphologie, einem 'historical hangover-approach' einerseits und einem dynamisch-geologischen, 'nomothetischen' 'dynamic equilibrium-approach' andererseits unterscheiden: Die genetische Interpretation der Landschaftsformen dort, das Studium von rezenten Prozessen und Systemen, von Gleich- und Ungleichgewichten hier - wobei von deutschen Geographen vorwiegend bis fast ausschließlich die erstgenannte Variante betrieben wurde und betrieben wird." 1)

vgl. S. 78

1) G. HARD (1973 a, S. 22 f.)

(nach Gebietsmerkmale)

Die Ähnlichkeit der Formen, Beispiele
> das Gesetz über Entwicklung
finder ST [folgte Analogie
zur Evolutionstheorie] — vergleiche
Methode. Eine flache Methode
der Paläontologie —> 'die' Methode
die Geom.

Die Ablehnung einer auf die Analyse von Prozessen gerichteten Forschung durch die deutsche Geomorphologie findet rein äußerlich ihren Ausdruck in der beständig wiederholten Behauptung, daß der Gegenstandsbereich der Morphologie einer mathematischen und experimentellen Behandlung nicht zugänglich sei[2], sowie in deren Begründung: Die Prozesse der Entstehung von Oberflächenformen der Erde seien einerseits so kompliziert, andererseits so langwierig und großmaßstäbig, daß sie experimentell nicht simulierbar seien[3]. Dieses Argument ist so offensichtlich fadenscheinig (es würde die Erklärung der "komplizierten", "langwierigen" und "großmaßstäbigen" Planetenbewegungen durch die Newton'sche Physik nachträglich als unmöglich deklarieren), daß es nur als Rationalisierung einer aus anderen Gründen sich herleitenden Ablehnung der Prozeßanalyse gedeutet werden kann.

Die vorliegende Arbeit unternimmt den Versuch, eine Erklärung dafür zu geben, warum sich innerhalb der deutschen Geomorphologie bis heute der auf eine Theorie der Formungsmechanismen zielende Forschungsansatz nicht hat durchsetzen können - im Gegensatz etwa zur Geomorphologie des angelsächsischen Sprachbereichs, wo zuerst Gilbert zu Beginn dieses Jahrhunderts[4], in jüngerer Zeit dann hieran anknüpfend Leopold, Wolman, Miller, Chorley, Strahler und andere über eine quantitative, z.T. sogar experimentelle Analyse nicht nur des Variablenbereiches "Form", sondern auch der Variablenbereiche "Kraft", "Energie" und "Widerstandsfähigkeit" die Verhaltenskonstanzen der Formungsprozesse durch physikalische Gesetze erklärbar zu machen begonnen haben.[5]

Gegen diese Fragestellung als leitenden Gesichtspunkt für eine Rezeption der historischen Entwicklung der Geomorphologie ließe sich einwenden, daß sie, indem die

---

2) Vgl. A. SUPAN (1889, S. 79), A. PHILIPPSON (1921, S. 17), A. HETTNER (1927, S. 188), A. PENCK (1928, S. 33), O. JESSEN (1930, S. 25), H. MORTENSEN (1943/44, S. 36), H. LOUIS (1968, S. 1 f.), J. BÜDEL (1971, S. 117).

3) A. HETTNER (1927, S. 188), O. JESSEN (1930, S. 25), J. BÜDEL (1971, S. 120; vgl. auch H. BAULIG (1950, S. 195).

4) G. K. Gilbert's den Rahmen der traditionellen geographischen Morphologie durchbrechende Arbeit mit dem Titel "The transportation of debris by running water" (1914) referiert die Ergebnisse von experimentellen Untersuchungen über Materialbewegungen in Versuchskanälen.

5) In Schweden geht ein entsprechender Ansatz (seit den 30er Jahren dieses Jahrhunderts) auf F. Hjulström zurück und findet heute seine Fortsetzung in den Arbeiten des geomorphologischen Laboratoriums Uppsala unter A. Sundborg.

Disziplin am Modell einer prognostizierenden, beschreibenden Naturwissenschaft mit
dem Ziel schließlicher Verfügung über Naturprozesse[6] gemessen wird, Gefahr läuft,
zwar zu beschreiben, welche Form der Forschung nicht betrieben worden ist, dabei
jedoch die faktische Forschungspraxis und die ihr entsprechenden Formen von Theorien aus dem Auge zu verlieren. Die gewählte Fragestellung rechtfertigt sich jedoch aus zwei Gründen: Einmal erhebt und wiederholt die Geomorphologie seit ihrer
Institutionalisierung innerhalb der Geographie selbt beständig den Anspruch, die
Entstehung der von ihr beschriebenen Oberflächenformen "erklären" zu können bzw.
"erklären" zu wollen. Zum zweiten aber hat sich spätestens heute das der Forschungspraxis der deutschen Geomorphologie zugrundeliegende und z.t. auch explizit
formulierte theoretische Interesse, das primär auf eine bloße Klassifikation als
typisch empfundener Formenkonfigurationen des Reliefs gerichtet war, überlebt.

Die Frage, warum sich die deutsche Geomorphologie bis heute gegenüber dem Eindringen von Methoden, Theorien und selbst Forschungsergebnissen des nomothetisch-quan-
titativen Ansatzes so resistent erwiesen hat, läßt sich prinzipiell in verschiedener Form stellen und beantworten. So kann z.B. nach den Normen und Einstellungen
der sozialen Institution der Forschergemeinde gefragt werden, um deren Innova-
tionsfeindlichkeit zu erklären. Darüber hinaus kann die Frage gestellt werden, inwieweit bisher ein gesellschaftliches Bedürfnis nach technischer Verfügung über
Naturprozesse, die in den "Gegenstandsbereich" einer experimentellen Geomorphologie fallen, entwickelt worden ist. Hält man sich vor Augen, wie eng die Forschung
der angelsächsischen und schwedischen Geomorphologie mit technischen Problemen der
Bekämpfung von Bodenerosion, der Be- und Entwässerung niederschlagsarmer Gebiete,

---

6) Der hier behauptete Zusammenhang zwischen experimenteller Forschung und (technischer) Verfügung über Naturprozesse ist innerhalb der deutschen Geomorphologie wohl nur von Hettner reflektiert worden. Er hebt hervor: "Das Experiment
   ist die Untersuchungsform des physikalischen, chemischen, biologischen Laboratoriums und läßt sich nur anwenden, wenn der Mensch die Erscheinungen in seiner
   Gewalt hat, sie beliebig ändern kann." (A. HETTNER, 1927, S. 188). Was allerdings auch Hettner entgeht, ist die Tatsache, daß es nicht die Natur ihrer Gegenstände, sondern das Ziel der Verfügung über Naturprozesse ist, was die Wissenschaft zur Durchführung experimenteller Forschung veranlaßt.

der Stauseeverlandung und der Flußregulierung verbunden ist[7] - Problemen also, die sich in Deutschland bisher nur in begrenztem Maße gestellt haben -, so scheint der Zusammenhang zwischen technischen Erfordernissen und wissenschaftlicher Entwicklung auch der Geomorphologie unmittelbar einzuleuchten. So führt Axelson beispielsweise aus:

"Naturally the majority of the large and economically important deltas have been the subjects of very comprehensive investigations. In Fennoscandia there are no modern deltas that are either large or economically important. It is therefore not surprising that the literature on modern deltas from Fennoscandia is relatively meagre. However, the construction of hydro-electric power stations now in progress has in recent years been accompanied by greater prospects (inter alia, from the financial point of view) of studying different deltas especially with reference to the effect on them of water control."[8]

Die Erörterung dieses Zusammenhanges ist jedoch für eine Erklärung des Forschungsrückstandes der deutschen Geomorphologie insofern nur von begrenztem Wert, als die in Frage stehenden Naturprozesse nicht allein in den Gegenstandsbereich der Geomorphologie fallen, der Zwang zur Lösung entsprechender technischer Probleme daher keinen Innovationszwang für die Geomorphologie bedeutet, sondern allenfalls einen Innovationsanreiz. Der Forschungsrückstand der deutschen Geomorphologie läßt sich daher umgekehrt auch nicht unmittelbar aus einem noch nicht entwickelten Bedürfnis nach technischer Verfügung über "morphologische" Prozesse erklären.[12]

Diese Arbeit geht demgegenüber von der Hypothese aus, daß die Entwicklung der Geomorphologie im deutschen Sprachbereich wesentlich durch die ihr im Rahmen einer länder- und landschaftskundlichen Theorie der Geographie zugewiesene (und

---

7) Vgl. G. K. GILBERT (1914), R. E. HORTON (1945, S. 309), A. N. STRAHLER (1950, S. 211), L. B. LEOPOLD/TH. MADDOCK (1952, S. 43 ff.) sowie A. SUNDBORG (1964). J. ZELLER (1965, S. 68) hebt diesen Zusammenhang in Bezug auf die "Regime-Theorie" hervor: "Erst in neuerer Zeit hat die Regime-Theorie auch in den USA Fuß gefaßt. Sie wurde besonders aktuell, als man begann, große Bewässerungsanlagen zu bauen."

8) V. AXELSON (1967, S. 11 f.).

9) So sind ja beispielsweise Prozesse der Flußmorphologie auch in Deutschland schon traditionell von der Ingenieurwissenschaft "Wasserbau" untersucht worden, wenn auch nur in vergleichsweise eingeschränktem Maße. Vgl. dazu z.B. die Arbeit von J. ZELLER (1965).

übernommene) Rolle als Lieferantin von Basiswissen und damit verbundenen Restrik-
tionen bestimmt worden ist. Auch Hard weist darauf hin, daß einem sich aus dieser
Theorie herleitenden Erkenntnisinteresse "die meisten Ansätze und Themen einer
alternativen 'analytischen und (system)theoretischen Geomorphologie' natürlich als
'zu schematisch', als 'zu wirklichkeitsfern' und - von Hilfsfunktionen abgesehen -
als weitestgehend irrelevant erscheinen mußten."[10]

Entsprechend dieser Hypothese wird im ersten Teil der Arbeit versucht, die mit der
Integration der im 19. Jahrhundert von der Geologie abgesplitterten Geomorphologie
in die Geographie einhergehende Entstehung der spezifisch "geographischen" Maximen
für die Forschung der Allgemeinen Geographie (und damit vor allem auch der Geomorphologie) verständlich zu machen. Es wird sich dabei überdies herausstellen, daß
die Geomorphologie keineswegs "zufällig", wie Hard meint[11], in die Geographie
eingegliedert wurde. In einem zweiten Teil sollen die methodologischen und for-
schungslogischen Konsequenzen dieser Maximen, soweit sie in den im Verlauf der Entwicklung der Geomorphologie entworfenen Theorien über die Entstehung der Oberflächenformen Niederschlag gefunden haben, aufgezeigt und einer kritischen Betrachtung unterzogen werden. Da die Entwicklung der Geomorphologie sich am deutlichsten
in den Theorien über die Entstehung der fluvialen Abtragungslandschaften abzeich-
net und die in der deutschen Geomorphologie ausgetragenen Kontroversen sich ganz
überwiegend auf deren Erklärungswert beziehen, beschränkt sich dieser Teil der
Arbeit im wesentlichen auf eine Analyse der Theorien über fluviale Erosion und
die Entstehung des fluvialen "Formenschatzes".

10) G. HARD (1973a, S. 22), vgl. auch S. 23 f.
11) G. HARD (1973, S. 130). Dieser Interpretation widerspricht schon der von Hard
    selbst hervorgehobene Umstand, daß die Geomorphologie sich "im deutschen
    Sprachbereich... als ein Teil und nicht selten sogar als das Zentrum der
    'Landschaftskunde' - als eine 'geomorphologische Landschaftskunde der Erde'
    und eben hierdurch als 'Fundament' und 'Grundlage' nicht nur 'der gesamten
    Länderkunde', sondern sogar der gesamten Geographie auffaßte". (S. 132).

2. DIE PROGRAMMATISCHE UND METHODOLOGISCHE NEUKONSTITUTION DER ALLGEMEINEN PHYSISCHEN GEOGRAPHIE IN DER ZWEITEN HÄLFTE DES 19. JAHRHUNDERTS

"Im Standpunkt der Geographie markirt sich
stets der der Civilisation, der Gesittung."[1]

Es sind vor allem zwei Ereignisse bzw. Entwicklungen im 19. Jahrhundert, die die Methodik und Forschungspraxis der Geographie und Geomorphologie sowie die fachinterne Diskussion über Methode und Gegenstand beeinflußt haben. Zum einen konnte sich auch die Geographie dem Eindruck der Erfolge der Naturwissenschaften, die einhergingen mit ihrer Indienstnahme für die im Verlauf der Industrialisierung sich ungeheuer beschleunigende Entwicklung der Produktivkräfte, nicht entziehen. Forschungsergebnisse der Naturwissenschaften (insbesondere der Physik, Chemie und dann auch der Biologie) fanden unmittelbar Eingang in den Produktionsprozeß; umgekehrt wurden mit der systematischen Verschränkung von Technologie und Naturwissenschaft seit der industriellen Revolution technologische Probleme des Produktionsprozesses wiederum zu bedeutenden Impulsen für die Entwicklung der Naturwissenschaften.[2] Der die Industrialisierung befördernde und zugleich durch sie beförderte Fortschritt in den Naturwissenschaften brachte ein Vertrauen in die Möglichkeiten der Naturbeherrschung durch Bewältigung technischer Probleme hervor, dem überkommene Weltanschauungen wie die Teleologie eines Carl Ritter nicht standhielten. Das 19. Jahrhundert erschien vielen Zeitgenossen als das "Zeitalter der Naturwissenschaften". Der in Reflexion auf die Methodik der Naturwissenschaften, die ihren Ausgangspunkt eben in dem augenscheinlichen Forschungsfortschritt dieser Disziplinen hatte[3], gewonnene empirische Wissenschaftsbegriff wurde zum Begriff von Wissenschaft schlechthin. Fand diese Entwicklung dementsprechend in allen Wissenschaften ihren Niederschlag, so war das zweite für die Geographie bestimmende Ereignis des 19. Jahrhunderts für diese von spezifischer Bedeutung, weil

---

1) A. BASTIAN, (zit. n. A. PETERMANN, PM 21, 1875, S. 11)
2) Für die allerjüngste Zeit vgl. hierzu U. RÖDEL (1972)
3) J. HABERMAS (1968, S. 114 und 116 ff.)

es ihre Institutionalisierung überhaupt erst stimulierte. Im Verlauf der raschen Industrialisierung in den meisten mitteleuropäischen Staaten sowie den USA begann sich der Weltmarkt zu konstituieren. Auf der Suche nach Absatzmärkten für überschüssige Waren, nach Rohstoffen und nach Möglichkeiten der Ansiedlung von überschüssigen Arbeitskräften sowie schließlich nach Anlagemöglichkeiten für Kapital richtete sich dabei das Augenmerk der industrialisierten bzw. sich industrialisierenden Nationen zunehmend auf die noch unerschlossenen Gebiete der Erde.

Dieser vorerst noch friedliche "Wettlauf" primär um Rohstoff- und Absatzmärkte verschärfte sich mit der "Großen Depression" ab 1873 und führte schließlich mit der Abkehr von der Freihandelspolitik (in Deutschland ab 1876) zu aggressiveren Formen der Sicherung der Märkte einerseits durch die Errichtung von Zollmauern zum Schutz der jeweiligen Binnenmärkte, andererseits durch administrative und militärische Maßnahmen zur Abgrenzung der Einflußsphären in den noch nicht erschlossenen Gebieten der Erde in Form staatlicher Schutzgarantien für den Handel sowie kolonialer Inbesitznahme. Sichtbarer Ausdruck und vorläufiger Höhepunkt dieser Entwicklung ist die Berliner Kolonialkonferenz 1884/85, auf der die Aufteilung Afrikas verhandelt wurde und es Deutschland gelang, sich seine kolonialen Besitzungen Togo, Kamerun, Deutsch-Südwestafrika und Deutsch-Ostafrika sowie die in Neuguinea bestätigen zu lassen. Die deutsche Geographie sah sich in dieser Ära der Erschließung und Inbesitznahme der Erde, dem "letzten großen Zeitalter der Entdeckungen" (Richthofen), plötzlich in den Mittelpunkt des öffentlichen Interesses gerückt, eines Interesses, das sich am sinnfälligsten bemerkbar machte in der Bereitstellung von privaten und öffentlichen Mitteln für Entdeckungsreisen, in der Gründung von geographischen Gesellschaften in fast allen größeren Städten des Reiches[4] sowie im rasch zunehmenden Mitgliederstand dieser Gesellschaften[5], der zudem nur zu einem kleineren Teil aus Fachgelehrten bestand[6],

---

4) Die Zahl der geographischen Gesellschaften stieg von 1860 bis 1882 von 3 auf 16, und zwar in folgenden Städten: Berlin, Frankfurt/M., Darmstadt, Leipzig, Dresden, München, Bremen, Hamburg, Halle, Hannover, Greifswald, Kassel, Jena, Königsberg, Lübeck, Stuttgart. Bis 1909 wurden dann nur noch 5 weitere Gesellschaften gegründet, und zwar in Köln, Gießen, Stettin, Straßburg und Rostock. F.-J. SCHULTE-ALTHOFF (1971, S. 43)

5) So erhöhte sich die Mitgliederzahl der Gesellschaft für Erdkunde zu Berlin von 630 im Jahre 1874 auf 1049 im Jahre 1885. (Vrh. d. Ges. f. Erdk. ab 1874)

6) Vgl. die Mitgliederverzeichnisse in den Verh. d. Ges. f. Erdk. Berlin ab 1874

und nicht zuletzt in der Errichtung von gesonderten Lehrstühlen für Geographie an fast allen deutschen Universitäten innerhalb weniger Jahre. Wurde noch 1859 mit dem Tode Carl Ritters der bis dahin einzige Lehrstuhl für Geographie an einer deutschen Universität auf eine außerordentliche Professur zurückgestuft, die Geographie ansonsten durch fachfremde Professoren mitbetreut, so lehrten 20 Jahre später in Deutschland bereits 22 Dozenten an 14 Hochschulen Geographie, 9 ordentliche Lehrstühle ausschließlich für Geographie waren errichtet.[7]

Diese Entwicklung gab den deutschen Geographen Anlaß, sogar von einer "allgemeinen geographischen Zeitströmung" (Bastian) zu sprechen[8]. Der hier unterstellte und vorerst nur aus dem zeitlichen Zusammentreffen abgeleitete Zusammenhang zwischen beginnender Konstituierung des Weltmarktes und kolonialer Expansion einerseits, öffentlichem Interesse an der Geographie und deren Institutionalisierung andererseits wird in der Literatur kaum bestritten.[9] Auch den damaligen Vertretern des Faches war der Hintergrund des plötzlich aufgeflammten öffentlichen Interesses durchaus bewußt. So schreibt schon 1886 August Petermann anläßlich seines Versuches der Gründung einer deutschen geographischen Gesellschaft:

---

7) H. WAGNER (1878, S. 557)

8) Hinweise auf das konstatierte Interesse finden sich in dieser Zeit sehr häufig in der geographischen Literatur. Vgl. z.B. A. PETERMANN (1886, S. 161): "Bildung und Wissenschaft floriert, das Interesse für die geographische Wissenschaft ist ein großes und zunehmendes, geographische Vereine aller Art blühen und vermehren sich."; G. NACHTIGAL (1882, S. 6): "... und das Interesse für die Erdkunde hatte derartig an Verbreitung gewonnen ..."; ähnlich weist der Vorstand der Ges. f. Erdk. Berlin in seinem Vorwort zum 1. Band der Verh. d. dtsch. Geographentages (1881, S. III), unter Bezugnahme auf den Geographieunterricht "... auf das lebhafte Interesse, welches demselben zugewendet wird..." hin.

9) Vgl. A. PHILIPPSON (1921, S. 13): "Der neue Aufschwung der geographischen Wissenschaft gleichzeitig mit der großartigen Entwicklung der Weltwirtschaft und des Weltverkehrs, des Eintritts des neuen Deutschen Reiches in denselben, führte in den siebziger Jahren zur Gründung von ordentlichen Professuren der Geographie..."; A. HETTNER (1927, S. 1): "... die Ausbildung des Weltverkehrs, der Weltwirtschaft, der Weltkultur, der Weltpolitik im Zeitalter des Dampfes, woran sich auch die Entschleierung Inner-Afrikas und Zentralasiens sowie der Polargegenden knüpft, sind die wichtigsten Etappen der Weltgeschichte, und sie sind die wichtigsten Etappen in der Entwicklung der Geographie, wobei bald die Erweiterung der geographischen Kenntnis, bald das geschichtliche Ereignis vorangehen, bald beide in eines zusammenfallen."; Und in jüngster Zeit H. BECK (1973, S. 261): "Mit der deutschen Reichsgründung 1871, der Erwerbung von Kolonien seit 1884/85 und der Entstehung eines neuen politischen und bald oft imperialistischen Bewußtseins entstanden Lehrstühle für das Fach Geographie in vorher nicht gekannter Zahl."

"In kulturhistorischer Hinsicht, für Handel, Industrie und Weltverkehr ist die Kenntnis unserer Erde und die Vermehrung dieser Kenntnis von der allerhöchsten Wichtigkeit und geradezu unentbehrlich. Dies zeigt auch bei dem vorliegenden Projekt die sehr viel größere Teilnahme kommercieller und industrieller Kreise gegenüber der wissenschaftlichen, an welche letztere doch die Sache zunächst und prinzipiell gerichtet war."[10]
Und es fehlte in dieser Zeit nicht an Gelegenheiten, diese Einschätzung bestätigt zu finden, waren doch z.B. ein Drittel der 633 Besucher des 4. deutschen Geographentages in Hamburg 1884 Kaufleute, Fabrikanten und Bankiers.[11]

Im folgenden soll versucht werden, den systematischen Stellenwert der von der empiristischen Methodologie einerseits, dem Interesse an ökonomisch verwertbaren Informationen über "ferne Länder" andererseits ausgehenden Einflüsse auf die Geographie herauszuarbeiten. Im Rahmen einer Arbeit über die Geschichte der Geomorphologie wird sich dabei das Interesse auf die programmatische und methodologische Entwicklung der seit der Mitte des 19. Jahrhunderts sich neu konstituierenden Allgemeinen Physischen Geographie konzentrieren.

2.1 DIE BEGRÜNDUNGSPROBLEME EINER ALLGEMEINEN PHYSISCHEN GEOGRAPHIE ALS BESCHREIBENDE NATURWISSENSCHAFT IM RAHMEN EINER GEOGRAPHISCHEN THEORIE DES MENSCH-NATUR-VERHÄLTNISSES

Peschels 1869 erschienenen "Neue Probleme der vergleichenden Erdkunde als Versuch einer Morphologie der Erdoberfläche"[1] lösten innerhalb der deutschen Geographie eine heftige Kontroverse aus[2]. Von den einen als Rückfall auf einen Teilaspekt

---

10) A. PETERMANN (1866a, S. 411)

11) Verh. d. 4. dtsch. Geographentages 1884, Berlin 1884.

1) Im folgenden wird nach der 2. Auflage (1876) zitiert. Das erste Kapitel der "Neuen Probleme", das die programmatischen Passagen enthält, erschien bereits 1867 als gesonderter Artikel in der Zeitschrift "Ausland". Er ist, neben anderen programmatischen Arbeiten, wiederabgedruckt in Peschels "Abhandlungen zur Erd- und Völkerkunde" (1877, S. 375 - 383).

2) Vgl. H. WAGNER (1878, S. 565 - 598)

des Ritterschen Programms abgetan, von den meisten aber, zumindest anfänglich,
begeistert als Neubegründung der Geographie gefeiert[3], bezeichnen sie den Beginn einer neuen Ära geographischer Wissenschaft[4], die sich für die Anhänger
Peschels mit den Schlagworten "Induktion", "analytisch", "Ursache", "Erklärung",
"Gesetz" usw. verband. Den "Neuen Problemen" kommt freilich nicht dadurch Bedeutung zu, daß hier eine dezidierte theoretische Auseinandersetzung mit Ritterschen Positionen geleistet würde, oder daß in ihnen, gemessen am damaligen Stand
der von Geologen betriebenen Forschung in der Geomorphologie, revolutionierende
neue Erkenntnisse zur Morphologie der Erdoberfläche ausgebreitet worden wären.
WAGNER weist darauf hin, daß das Staunen, in das "das geographische Publikum ...
durch die überraschenden Resultate ... versetzt" wurde, eigentlich nur auf die
"Unbekanntschaft der Mehrzahl der Schulgeographen mit den Errungenschaften der
Geologie" zurückzuführen sei, "um diejenige Naturwissenschaft zu nennen, deren
Feld dem hier bearbeiteten zum Verwechseln nahe liegt".[5] Peschels Bedeutung
reduziert sich vielmehr darauf, daß er durch seine Polemik gegen Ritters Teleologie, der er nur noch den Status von "geistreichen Vermuthungen"[6] zubilligte,
die "in einem Kreise von Irrungen sich drehen"[7], und der er sein "handwerksmäs-
siges Verfahren der vergleichenden Erdkunde"[8], seine angeblich neue Methode ge-

---

3) WAGNER (1878, S. 574 ff.) belegt beispielhaft diese gegensätzlichen Beurteilun-
gen. Während Kirchhoff anfänglich in Peschel einen "Befreier von dem drücken-
den Alp" (S. 575) sah und seine Arbeit als "Erlösung" (S. 581) begriff, schreibt
Kramer: "Wenn Ritter die Aufgabe der Wissenschaft ... darin sah, die in den
verschiedenen Erdräumen angelegten, in der Entwicklung der Menschheit sich of-
fenbarenden Einwirkungen des gottgeschaffenen Erdorganismus zu ergründen und
nachzuweisen, so möchte wohl die von Kirchhoff und Peschel angekündigte neue
Ära der geographischen Wissenschaft über die in diesen Worten gegebene Bestimmung des Wesens der Erdkunde nicht hinausgehen können. Der Umfang derselben
ist weit genug, um alles, was auf diesem Gebiete geschehen kann, zu umfassen."
(S. 587) F. v. RICHTHOFEN (1903, S. 688) hebt nur noch die "Begeisterung, mit
der seine kurz zuvor erschienenen 'Neuen Probleme der vergleichenden Erdkunde'
aufgenommen wurden", hervor.

4) A. HETTNER (1927, S. 91) spricht von einem "Umschwung in der Auffassung der
Geographie, der durch Peschels 'Neue Probleme der vergleichenden Erdkunde' her-
vorgerufen wird"; vgl. auch A. PENCK (1928, S. 32 f.)

5) H. WAGNER (1878, S. 588 f.); vgl. auch A. PENCK (1894, S. 5)

6) O. PESCHEL (1877, S. 419)

7) O. PESCHEL (1877, S. 401)

8) O. PESCHEL (1876, S. 3)

genüberstellte, um allgemein gültige Gesetze entdecken zu können[9], die Geographie
mit anderen empirischen Wissenschaften auf eine Stufe gestellt und sie damit den
Kriterien strenger Wissenschaft konfrontiert hatte. Wenn Peschel sich bemühte, die
Differenz zwischen seiner vergleichenden Erdkunde und der Geographie Ritters auf
der Ebene der Methode darzustellen, befand er sich durchaus in Übereinstimmung mit
der damals herrschenden, durch den Empirismus formulierten Auffassung von Wissenschaftlichkeit, die den konstatierbaren und für Wissenschaft schlechthin als beispielhaft genommenen Erkenntnisfortschritt der modernen Naturwissenschaften methodologisch begründen zu können glaubte. Indem Peschel zugleich sein "neues Verfahren, nämlich das vergleichende"[10], auf dem Gebiet der "Morphologie der Erdoberfläche" exemplifizierte, schien er zudem unter Beweis gestellt zu haben, daß
es der Geographie auch tatsächlich möglich sei, in ihrer Forschung dem herrschenden Methodenideal gerecht zu werden. Peschel hatte damit freilich den neuen, bisher von der Geologie bearbeiteten Problembereich der Geomorphologie anstelle der
Ritterschen Morphographie der Erdoberfläche, die sich mit einer formalen Beschreibung der Oberflächenformen begnügte, in die Geographie eingeführt[11]. Es schien

9) O. PESCHEL (1877, S. 418) konstatiert, daß "zu keiner Zeit... nach Causalitä-
   ten so eifrig als gegenwärtig geforscht" wurde und setzt dann wenige Seiten
   später, dieses Erkenntnisziel auch für die Geographie übernehmend und zugleich deren bisherige Forschung kritisierend, hinzu: "Wer Gesetze entdecken
   will, muß beweisen, daß gleiche Ursachen gleiche Wirkungen allenthalben her-
   vorgerufen haben, allein diejenigen, die bisher so etwas unternahmen, schufen
   für jeden Fall ein eigenes Gesetz." (S. 421)

10) O. PESCHEL (1876, S. 4)

11) "Aber die genetische Betrachtungsweise machte in der Geographie auch jetzt
   noch (bei Ritter, Anm. H. B.) vor den Oberflächenformen halt; sie gelten den
   damaligen Geographen als etwas Gegebenes, aus dem man Folgerungen für die
   Menschheit ziehen mußte, dessen Entstehung aber die Geographie nichts angehe.
   ...Als einer der ersten suchte in dem sechziger Jahren Oskar Peschel, wenn
   auch mit unzureichenden Mitteln, Formengruppen genetisch zu erfassen." (PHI-
   LIPPSON, 1919, S. 6 f.); vgl. A. PENCK (1894, S. 5) und ders. (1928, S. 31 f.)
   sowie A. HETTNER (1927, S. 87). Daß Peschel gerade die Oberflächenformen als
   Gegenstand seiner Untersuchungen wählte, ist dem Umstand zu verdanken, daß
   die Ritterschen Schule, anders als beispielsweise Herder, als "Natur" repräsentie-
   rend nur die "Gestaltungen" der Erdoberfläche nahm. Vgl. A. HETTNER (1927, S.
   87) und A. PENCK (1928, S. 31). Diese Tradition hat sich bis heute in der Geographie gehalten, gilt doch die Geomorphologie nach wie vor als die bedeutend-
   ste Disziplin der Physischen Geographie, ja als die "Basis" der gesamten Geographie. Daß sie sich bis heute fortgesetzt hat, dürfte aber auch darauf zurückzuführen sein, daß die Geomorphologie als einzige Disziplin der Allgemeinen
   Geographie ein nur ihr eigenes "Objekt" hat, seit die Geologie dessen Analyse
   allenfalls noch zum Zwecke des Rückschließens auf tektonische Vorgänge (wie
   z.B. W. PENCK, 1924) betreibt.

'Natur' Ritters: v.a. Plastik d. Erde

jedoch, orientiert am Beispiel der Naturwissenschaften, nur plausibel, jetzt
auch die Bedingungen der Entstehung von Oberflächenformen mit dem Ziel einer
kausalen Erklärung der Entstehung[12] zu untersuchen und deshalb die "Wurzeln"
der Geographie "in den Bereich der Geologie", wo nach damaliger Auffassung vornehmlich die Ursachen für die Entstehung bestimmter Oberflächenformen zu suchen
waren, "hinabzutreiben".[13]

Die Unbekümmertheit der von Peschel und seinen Anhängern mit aus der empiristischen Methologie entlehnten Schlagworten gegen Ritter geführten Polemik und die
Selbstverständlichkeit, mit der Peschel die theoretischen Positionen Ritters
beiseiteschob und ihnen weder eine ausformulierte Methodologie noch eine andere
theoretische Position, sondern die empirisch gewonnenen Ergebnisse eines neuen
Zweiges der Geographie entgegensetzte, und nicht zuletzt die Euphorie, mit der
dieser Schritt von vielen Geographen aufgenommen wurde, zeigen, daß die "Neubegründung" nicht so sehr auf das Konto einer revolutionierenden theoretischen
Leistung Peschels geht, als vielmehr von außen durch die herrschende Auffassung
von Wissenschaftlichkeit gleichsam aufgenötigt wurde.[14]

---

12) Dieses Ziel formuliert z.B. F. v. RICHTHOFEN (1883, S. 42): "Wenn es uns gelingt, die stete Wiederkehr gleichartiger Wirkungen unter gleichen gegebenen
   Bedingungen nachzuweisen, erheben wir uns zur Erkennung von Gesetzmässigkei-
   ten, und diese kann uns weiterführen zur Auffindung von Gesetzen, oder doch
   zur Annäherung an solche, oder auch nur zu ihrer Ahnung." Der analoge Anspruch
   findet sich bei O. PESCHEL (1876, S. 5), dort jedoch methodisch formuliert und
   ohne das Ziel, im Anschluß an Regelhaftigkeiten auch Gesetze zu entdecken.

13) F. v. RICHTHOFEN (1977, S. 731)

14) "Der Charakter des neuen Zeitalters ist der Aufschwung des naturwissenschaftlichen Wissens und Denkens, und dies mußte sich nothwendigerweise in der wissenschaftlichen Geographie und ihrer Methode reflectieren." (F. v. RICHTHOFEN,
   1883, S. 47) Ganz ähnlich argumentiert A. HETTNER (1927, S. 87): "Diese natur-
   philosophische und teleologische Betrachtungsweise (Ritters, Anm. H. B.) entspricht dem Geiste der Zeit und hat jedenfalls zu der großen Wirkung beigetra-
   gen, die Ritter auf sein Zeitalter ausgeübt hat; aber diese Wirkung mußte ver-
   gehen, und was übrig blieb, konnte den nach ursächlicher Auffassung durstenden
   neuen wissenschaftlichen Geist nicht befriedigen." Ein Beleg für diese These
   findet sich bei Peschel selbst: "Alle anderen Wissenschaften erstreben eine
   Ergründung des Gesetzmässigen, und man duldet viel weniger denn früher geistreiche Vermuthungen, die wohl für den einen Fall ausreichen, beim nächsten aber
   schon uns im Stich lassen." (O. PESCHEL, 1877, S. 419; Hervorh. H. B.). Vgl.
   auch H. WAGNER (1878, S. 598), H. SCHMITTHENNER (1957, S. 3 u. 4) sowie D.
   BARTELS (1970, S. 25). Zu den Mechanismen der Durchsetzung herrschender Ideolo-
   gien vgl. G. HARD (1969), der dies am Beispiel der Durchsetzung des Landschafts-
   Konzepts in der Geographie aufzuzeigen versucht hat.

Immerhin ist es jedoch Peschel zuzuschreiben, daß die Normen strenger Wissenschaft, und das hieß damals: Naturwissenschaft, für die Geographie trotz aller Diskrepanzen zum faktischen Forschungsbetrieb erst einmal als verbindlich auch akzeptiert wurden, schienen doch seine "Neuen Probleme" den zeitgenössischen Geographen demonstriert zu haben, daß es der Geographie möglich sei, die Postulate auch einzulösen.[15] Um die Folgen dieses Vorganges für die weitere Entwicklung der Geographie und die sich daraus ergebenden Konsequenzen für die Geomorphologie (fortan eine der Disziplinen der "Allgemeinen Geographie") abschätzen zu können, erweist es sich als notwendig, zwischen den von Peschel und seinen Anhängern aufgerichteten und Ritters Teleologie entgegengesetzten methodologischen Postulaten und Peschels eigener, am Beispiel der Geomorphologie exemplifizierter "vergleichender Methode", die sich aus der Tradition der Geisteswissenschaften herleitet[16], zu unterscheiden. Wagner weist zurecht darauf hin, daß Peschel sich sowohl hinsichtlich seiner vergleichenden Methode wie auch hinsichtlich des von ihm für die Geographie anvisierten (wenn auch nicht selbst bearbeiteten) Forschungsprogramms mit Ritter prinzipiell in Übereinstimmung be-

---

15) Auf diesen Aspekt weist Wagner hin. Er wirft die Frage auf, warum Fröbels Kritik an Ritter, 40 Jahre vor Peschels "Neuen Problemen", aber mit der gleichen Intention vorgebracht, nahezu unberücksichtigt geblieben sei, und antwortet: "Die Erklärung dieser allgemeinen Nichtbeachtung, die mit den Erfolgen Peschel's so sehr im Widerspruch steht, giebt uns ein Wort Ritters...: 'Eine Theorie der Konstruktion bleibt ohne den praktischen Versuch derselben ... ein Luftgebilde, das ohne unmittelbaren Einfluß auf das ganze System der Wissenschaften nur zu leicht wieder in Vergessenheit versinken möchte'." (H. WAGNER, 1878, S. 587 f.)

16) Peschel selbst weist mehrfach auf die Analogie zur Methode der vergleichenden Sprachwissenschaft hin; O. PESCHEL (1876, S. 1 f.) und ders. (1877, S. 399)

finde[17]. Dennoch läßt sich eine ungebrochene Tradition von Ritter über Peschel hinaus nicht behaupten. Die im Verlauf der Kontroverse über Peschel und Ritter rezipierten empiristischen Normen erwiesen sich, auch wenn sie Schlagworte blieben und nie konsequent befolgt wurden, als folgenreich genug, um theoretische Probleme in die Geographie hineinzutragen, die sich für eine explizit durchgehaltene Teleologie, wie sie sich noch bei Ritter findet, nicht gestellt hatten.

Ritter entwarf sein Programm der Geographie in der Absicht "des geistigen Nachvollzuges der göttlichen Ordnung auf der Erde als Wohnstätte des Menschen".[18] Er leitete es aus einem Konzept der Geschichte her, das den Entwicklungsgang der Menschheit insoweit vorgezeichnet sah, als es deren Zweck sei, die ursprüngliche, gleichsam naturwüchsig gegebene, inzwischen aber (außer vielleicht bei "Naturvölkern") zerrissene Harmonie der Menschen mit der Natur und daher auch mit sich selbst, wiederherzustellen; freilich auf einer höheren, theoretisch durch das Bewußtsein und praktisch durch die Organisation des Staates vermittelten Stufe. Das Bewußtsein dieser möglichen Harmonie und damit das der notwendigen, wenn auch (da nur als Möglichkeit vorgegebenen) in der Macht der Menschen stehenden Organisation des Staates durch Erkenntnis der in der Natur vorgegebenen Zwecke zu schaffen, "den selbst zu setzenden, nothwendigen Entwicklungsgang jedes einzelnen Volkes auf der bestimmten Erdstelle vorherzuweisen, welcher genommen werden müsste, um die Wohlfahrt zu erreichen, die jedem treuen Volke von dem ewiggerechten Schicksale zugetheilt ist",[19] ist die Aufgabe der Wissenschaft, speziell aber der Geographie, die sich mit der Natur der Erde als dem "Erziehungshaus des Menschen" befaßt:

---

17) "... glauben wir also durch die obigen Ausführungen nachgewiesen zu haben, ... dass die von ihm (Peschel, Anm. H. B.) in neuer Fassung aufgenommene 'vergleichende Erdkunde' sich nicht durch einen besonderen Inhalt von dem was Ritter als das Wesen der Erdkunde bezeichnete unterscheidet, aber ebensowenig durch eine ihr ausschließlich zukommende Methode." (H. WAGNER, 1878, S. 591); an anderer Stelle relativiert er dann jedoch diese Aussage wieder, wenn er ein "sehr plausibles Motiv" für Peschels Kritik an Ritter darin sieht, daß er "eine Ergründung des Gesetzmässigen" anstrebe und "viel weniger denn früher geistreiche Vermuthungen" dulde (S. 576) oder gar von einem "Gegensatz zwischen der von Peschel ausgeübten vergleichenden Methode und dem von Ritter so bezeichneten Verfahren" spricht. (S. 584)

18) D. BARTELS (1970, S. 25)

19) K. RITTER (1822, S. 6), Hervorh. H. B.

"Und wo dieser Einklang (zwischen der Stellung des Staates zur Natur wie zum Menschenleben, Anm. H. B.) nicht mehr, wie vielleicht in einer jugendlicheren Periode der Vorzeit, bewußtlos, zugleich mit der organischen Entwicklung der Völker hervorquillt, da muß, wie in unserer Gegenwart, das Gesetz dieses Einklangs, die ewige Tetractys, als der unsterbliche Quell der Harmonie, durch ernste Wissenschaft erforscht, und in das Bewußtsein eingetragen werden."[20]

Das "Gesetz dieses Einklangs", das Ritter in durchaus kritischer Absicht in der Organisation des Staates durch den Menschen erst noch verwirklicht sehen will[21], damit dieser zur "Einheit mit sich selbst" finde, indem er die Harmonie mit der Natur wiederherstellt, findet der Mensch in der ihm von Gott an die Seite gestellten Natur als ein von ihm unabhängiges, als zu entzifferne "Hieroglyphenschrift"[22] vor:

"Und so wurde von Gott die Natur dem sterblichen Menschen als die stets nahe Freundin, als Warnung und Trost im Erdenleben, ihm beigesellt, als sein zur Einheit mit sich selbst ihn geleitender Schutzgeist, sowohl dem Einzelnen, wie dem ganzen Geschlechte. Wie die Erde als Planet der mütterliche Träger des ganzen Menschengeschlechts, so sollte sie, die Natur, die bildende Leiterin, die organisierende Kraft der Menschheit werden."[24]

"Von dem Menschen unabhängig ist die Erde, auch ohne ihn und vor ihm, der Schauplatz der Naturgegebenheiten; von ihm kann das Gesetz ihrer Bildungen nicht ausgehen. In einer Wissenschaft der Erde muß diese selbst um ihre Gesetze befragt werden. Die von der Natur auf ihr errichteten Denkmale und ihre Hieroglyphenschrift müssen betrachtet, beschrieben, ihre Constructionen entziffert werden."[24]

Vor dem Hintergrund dieses Weltbildes konnte sich ein Problem für die Einordnung der Beschreibung der Oberflächenformen in die Geographie überhaupt nicht ergeben. Die Oberflächenformen, für Ritter der Aufriß und Umriß der einzelnen Erdteile,

---

20) K. RITTER (1822, S. 7)

21) Ritter ist also, anders als viele Geographen nach ihm, durchaus frei von auf platten Naturdeterminismus gegründeter Apologetik des Bestehenden. Der Apologetik selbst entgeht freilich auch Ritter nicht, projiziert doch alle Teleologie bestehende Herrschaftsverhältnisse in die Natur oder den göttlichen Willen, selbst dort, wo sie, anders als der platte Naturdeterminismus, die Notwendigkeit der Durchsetzung des in der Natur Vorgezeichneten zu einer Frage der Einsicht in die Notwendigkeit und damit zu einer Frage der Vernunft macht. Zur Projektion gesellschaftlicher Verhältnisse in die Planetenkonstellation vgl. H. BLUMENBERG (1965, S. 122 ff.).

22) Die Analogie zur Metapher vom "Lesen im Buch der Natur" ist deutlich; vgl. dazu H. BLUMENBERG (1965) und K. O. APEL (1955).

23) K. RITTER (1822, S. 56)

24) K. RITTER (1822, S. 4)

waren ebenso eine "Hieroglyphenschrift", die es zur Bewußtmachung der "Gesetze des Einklangs", zur Bestimmung der als Möglichkeit "zugeteilten Wohlfahrt" zu "entziffern" galt wie andere Naturphänomene auch.
"Ihre (der Erde, Anm. H. B.) Oberflächen, ihre Tiefen, ihre Höhen müssen gemessen, ihre Formen nach ihren wesentlichen Charakteren geordnet werden."[25]

Dies waren freilich ganz andere Gesetze als die, die später dann Peschel im Auge hat, wenn er die Ursachen der Entstehung von Oberflächenformen zu analysieren sucht. Ritters Interesse richtet sich auf die Oberflächenformen, da er die in ihnen vorfindbaren Zwecke verstehen will[26], und diese entschlüsseln sich immer nur mit Bezug auf den Menschen. Zwar bestreitet Ritter durchaus nicht die Fortschritte der modernen Naturwissenschaften wie Physik und Chemie oder die Bedeutung ihrer Erkenntnisse für die Menschheit. Er selbst hat aber für die Geographie etwas anderes im Auge[27]. In seinen "Allgemeinen Vorbemerkungen" über die festen Formen der Erdrinde drückt er das folgendermaßen aus:
"Nicht die Geschichte dieser Veränderungen und Umwandlungen, die Aufgabe einer Physik und Archäologie der Erde, noch die Erforschung ihrer Gesetze ist es, welche wir hier zu verfolgen haben, sondern unser Hauptaugenmerk ist auf die äussern Erscheinungen, auf ihre Resultate in den Momenten des Gleichgewichts, oder doch auf die Ausgleichung und Annäherung zu demselben gerichtet; denn wir suchen das gegenwärtige Verhältniß der Gestaltungen auf der Erdoberfläche auf, und in den Veränderungen das gegenwärtig gesetzmäßig Bestehende .... Von allen Veränderungen, Bewegungen, Umwandlungen wird übrigens hier nur insofern die Rede seyn, als sie in

---

25) K. RITTER (1822, S. 4)

26) K. O. APEL (1955) beschreibt, wie sich mit der Entstehung der modernen Naturwissenschaften mit dem Beginn der Neuzeit die Begriffe "Erklärung" und "Verstehen" voneinander trennen, ein Vorgang, der sich auf vulgäre Art bei Peschel dann wiederholt. Inwieweit für Ritter 300 Jahre nach Kopernikus beide Begriffe tatsächlich noch zusammenfallen, wäre genauer zu prüfen. Sicher scheint dagegen, daß er die Naturphänomene primär "verstehen" will.

27) So ist für RITTER die Leistung A. v. Humboldts gerade dadurch so imponierend, "daß er aber die Natur nach ihrer anderen, nicht meßbaren Seite (die meßbare Seite" der Natur wird von z.B. Physik und Chemie erforscht, Anm. H. B.), in ihrem uns noch verborgenen, höheren, organischen Leben, ja in ihrem welthistorischen Zusammenhange ... ahnete, darum ihren Wirkungen und den Denkmalen derselben auf ihren erhabensten Werkplätzen nachging...". (K. RITTER, 1822, S. 55)

der Verschiedenartigkeit und den räumlichen Verhältnissen jener drei Formen nach der horizontalen und senkrechten Dimension und deren Wechselwirkung begründet sind."[28]

Ritter hat sich denn auch faktisch auf die Beschreibung der "äusseren Erscheinungen", der "Resultate" von Bewegungen und Veränderungen, hier: die Beschreibung der Oberflächenformen beschränkt und sich wenig um die Gesetze ihrer Entstehung bekümmert, ganz entsprechend seiner Absicht, bei der Betrachtung der einzelnen Erdteile mit "der Aufsuchung ihrer Grundgestalt (zu) beginnen, und zu ihrer dadurch von der Natur selbst ausgesprochenen Stellung zur Welt fort(zu)schreiten."[29]

Sind also bei Ritter "Naturgesetze" so etwas wie in der Natur vorfindbare Aussagen, deren Sinn sich erst in Bezug auf die menschliche Geschichte entschlüsselt, so zeichnet sich demgegenüber die Methodik der seit der Renaissance, genauer: seit der "kopernikanischen Wende", sich entwickelnden Naturwissenschaften dadurch aus, daß sie nicht mehr Gesetze zu formulieren gestattet, die etwas über die Bestimmung des Menschen in der Welt, aus der sich eine zweckmäßige Organisation menschlicher Gesellschaften ableiten ließe, aussagen. Zwar war Kopernikus selbst noch mit dem Anspruch angetreten, die herausgehobene Stellung des Menschen, die infolge der

---

28) K. RITTER (1822, S. 60); vgl. auch S. 59, wo Ritter ausführt: "Luft, Meer und Land bestehen aus einer Mannichfaltigkeit von Bestandtheilen, aus Materien, die wir hier nicht im einzelnen an sich, weder als Massen, nach Umfang und Verbreitung, noch als Stoffe, d.h. ihren Kräften nach, zu betrachten haben; denn dieses ist die Aufgabe anderer Wissenschaften. Die unsrige ist es, die G e s t a l t u n g e n , die sie in ihrem Verhältnis in Beziehung auf den Erdball, einnehmen, und das von diesen Abhängige, genauer zu betrachten, und zwar die Gestaltungen mehr im Besonderen, d.h. ihren Theilen, und der Gegeneinanderstellung nach, das von ihnen Abhängige mehr im Allgemeinen, dem Wesentlichen und dem Wechselverhältnis nach. Denn die gesammte Form aller dieser Gestaltungen, oder die Betrachtung der Kugelgestalt der Erde, setzen wir als in der Weltbetrachtung gegeben voraus, weil ihre zureichenden Gründe nur aus der Astronomie hervorgehen können. Die Untersuchungen des Abhängigen aber, wenn wir sie im Besonderen nach ihren ersten Gründen zu verfolgen hätten, würden uns in das Gebiet der Mechanik, der Physik, der Chemie, der Physiologie und anderer Wissenschaften führen, deren Wahrheiten wir hier, in soweit sie natürlich schon erforscht sind, und uns als Hülfssätze dienen können, als ein Gegebenes voraussetzen, und nur in ihren Resultaten benutzen, ohne auf ihre Gesamterforschung selbst ausgehen zu wollen."

29) K. RITTER (18-2, S. 12), Hervorh. H. B.

Inkonsequenzen im ptolemäischen geozentrischen Weltbild als nicht mehr nachweisbar erschien, zu retten. Er ließ jedoch die Vorstellung fallen, daß sich diese besondere Stellung aus der Planetenkonstellation mit der Erde im Mittelpunkt ablesen lasse und ging stattdessen davon aus, daß sie sich im theoretischen Vermögen der Menschen erweise[30]. Erst auf der Basis dieser Annahme war es Kopernikus möglich - das Ziel, die Sonderstellung des Menschen zu beweisen, vorausgesetzt -, sein eigenes, heliozentrisches Weltbild zu entwerfen, zumal es von der sich dem Betrachter (auf der Erde) unmittelbar darbietenden Erscheinung der Planetenbewegungen abstrahierte und ihr einen davon unterschiedenen (erdachten) Bewegungsmechanismus entgegensetzte.[31]

Schon für Cusanus hatte sich die Gottähnlichkeit des Menschen aus dessen Fähigkeit ergeben, die von Gott erschaffene wirkliche Welt "durch die mathematische Konstruktion, welche die göttliche Schöpfung idealiter repräsentiert, gleichsam neu erstellen" zu können.[32] Er war der Auffassung, "das der Mensch nur das präzise versteht, was er selber gemacht hat".[33] Damit war einerseits theoretisch der Weg frei gemacht für die dann seit Kopernikus von der Astronomie und Physik aus auch praktisch ihren Anfang nehmende Entwicklung der modernen Naturwissenschaften, indem deren experimentelle Methoden der Produktion von Ergebnissen unter hergestellten Ausgangs- und Randbedingungen, die zugleich die Reproduzierbarkeit der Ergebnisse als Bedingung zur Überprüfung der Gültigkeit von Hypothesen gewährleistet, theoretisch vorweggenommen war. Auf der anderen Seite war damit aber auch die Möglichkeit abgeschnitten, "etwas über die Stellung und den Rang des Menschen in der Welt

---

30) "Kopernikus...gab das Bild preis, um die Sache in ihrem Kern zu retten." (H. BLUMENBERG, 1965, S. 1-4; vgl. ebda. ·S. 50 und 127 f.)

31) "Die vom Augenschein nicht nur abstrahierende, sondern ihm widersprechende kopernikanische Auffassung hat, auch wenn sie als Mechanik von Kugeln in einem Planetarium sich anschauen läßt, keine unmittelbare Beziehung zu den Erscheinungen, die sie erklärt. Je mehr die Naturerkenntnis die realen Sachverhalte sich erschloß, um so mehr wurden diese zu einem von der produktiven Einbildungskraft Konstruierten." (P. BULTHAUPT, 1973, S. 38); vgl. auch S. TOULMIN (1968, S. 51): "Seine Einwände gegen Ptolemäus beruhen nicht auf Beobachtungen; ihn bewegten rein theoretische Schwierigkeiten."

32) K. O. APEL (1955, S. 148)

33) K. A. APEL (1955, S. 149)

auf andere Weise als aus dem Selbstbewußtsein des Menschen zu erfahren."[34] Zwar lebte der Anspruch der scholastischen Teleologie, in Anschauung der Natur etwas über die von Gott für den Menschen gesetzten Zwecke in Erfahrung zu bringen, in der jetzt von den Naturwissenschaften abgespaltenen Naturphilosopie und Kosmologie fort (und z.B. auch in Ritters Geographie), doch ließ er sich eben nicht mehr durch naturwissenschaftliche Theorien einlösen.[35] Zudem zwang der sich aus der kopernikanischen Wende herleitende "Anspruch der Vernunft, ihre eigenen Ansprüche zu prüfen, ... alle Spekulation, die dennoch die Natur für den Menschen gesprächig machen will, zum Eingeständnis, Mythologie oder Poesie zu sein".[36] Dieses Eingeständnis findet sich denn auch bei Ritter, wenngleich mit der Hoffnung verknüpft, das, was zu seiner Zeit nur als "Poesie" und "Landschaftsmalerei" möglich sei, dermaleinst auch wissenschaftlich formulieren zu können.[37]

Die mit dem Ziel der Formulierung allgemein gültiger Aussagen über Naturprozesse entwickelte experimentelle Methode der modernen Naturwissenschaften impliziert dreierlei:

1. Sie läßt, sofern sie eine Methode zur Prüfung empirischer Hypothesen und damit der Allgemeingültigkeit von Naturgesetzen ist, nur solche Gesetze zu, denen sich Aussagen über - unter bestimmten, durch das Gesetz definierten Bedingungen - reproduzierbare Verhaltenskonstanzen subsumieren lassen.[38]
Dies gilt freilich im strengen Sinne nur für die "theoretischen", exakten Naturwissenschaften. Soweit die Naturwissenschaften sich noch in einem "beschrei-

---

34) H. BLUMENBERG (1965, S. 148)

35) Angesichts der Unverträglichkeit von naturwissenschaftlicher Methode und teleologischem Anspruch war es daher durchaus nicht so "unlogisch", wie H. Wagner (1878, S. 576) behauptet, wenn Peschel seine vermeintlich naturwissenschaftliche Methode Ritters teleologischen "Endzielen" der Geographie gegenüberstellte. Vgl. H. BLUMENBERG (1965, S. 148 f.)

36) H. BLUMENBERG (1965, S. 163)

37) K. RITTER (1852, S. 190)

38) "Tatsächlich hängt die ganze experimentelle Methode zur Überprüfung unserer Theorien von unserer Fähigkeit ab, bedingte - und nicht kategorische - Vorhersagen zu machen. Wir sagen voraus, daß, wenn man das-und-das tut, das-und-das passieren wird, und dann sehen wir zu, was tatsächlich geschieht, wenn wir das-und-das tun." (S. TOULMIN, 1968, S. 38); "Nur dort, wo gewisse Vorgänge (Experimente) auf Grund von Gesetzmäßigkeiten sich wiederholen, bzw. reproduziert werden können, nur dort können Beobachtungen, die wir gemacht haben, grundsätzlich von jedermann nachgeprüft werden." (K. R. POPPER, 1966, S. 19)

benden" Stadium befinden, also noch nicht Gesetze zu formulieren in der Lage
sind, mit denen die behaupteten Verhaltenskonstanzen auch "erklärt", d.h. aus
jenen zugleich mit den Bedingungen ihres Auftretens abgeleitet werden können,
wird nur versucht, die in einem Fall beobachteten Regelhaftigkeiten unter veränderten Nebenbedingungen erneut zu identifizieren, um die "identische Korrelation..., die in den Erscheinungen a limine vorausgesetzt wird", also die für
die Reproduzierbarkeit notwendigen identischen Ausgangs- und Randbedingungen
erst zu ermitteln.[39]

2. Die Reproduzierbarkeit von Verhaltenskonstanzen, die durch eine "identische"
Versuchsanordnung (die bei den theoretischen Naturwissenschaften als solche
durch das Gesetz definiert ist, bei den beschreibenden erst noch ermittelt werden soll) gewährleistet wird, setzt einen systematischen Eingriff in den Naturzusammenhang als durchführbar voraus: es kann nur das reproduziert werden, was
experimentell auch produziert werden kann. Das bedeutet aber, daß bestimmte
Ausgangs- und Randbedingungen hergestellt sein müssen, um einen "partikularen
Zusammenhang sorgfältig von allen anderen Einflüssen zu isolieren".[40] Die experimentelle Methode der Naturwissenschaften läßt also nur solche Aussagen zu,
die sich auf partikulare Zusammenhänge beziehen.[41]

alle Wiss.en!

3. Aussagen über partikulare, empirisch gehaltvoll definierte Zusammenhänge zu ma-
chen, erfordert, daß von den konkreten Erscheinungen und Gegenständen, die als
solche mit unendlich vielen anderen konkreten Erscheinungen und Gegenständen in
Wechselwirkung stehen und überdies an keinem anderen Ort und zu keiner anderen
Zeit wiederfindbar sind, theoretisch gezielt abstrahiert werden muß:
"Abstrahierende Hypothesenbildung einerseits und experimentelle Zerlegung bzw.
Rekonstruktion komplexer Phänomene andererseits sind komplementär zueinander."[42]

(jede Methode!)

Die experimentelle Methode läßt also nur von den konkreten Erscheinungen und
Gegenständen abstrahierende Aussagen zu.

39) A. WELLMER (1967, S. 73); vgl. ebda. S. 110 ff.
40) P. BULTHAUPT (1973, S. 41)
41) P. BULTHAUPT (1973, S. 40 f.)
42) A. WELLMER (1967, S. 130)

Wie bereits angedeutet, genügen die beschreibenden Naturwissenschaften diesem, an den exakten bzw. theoretischen Naturwissenschaften (insbesondere der Physik) entwickelten Methodenideal nicht, fehlen ihnen doch die Gesetze, mit denen sie die von ihnen beobachteten Regelhaftigkeiten zu erklären vermöchten. Dennoch kann ein prinzipieller Unterschied zwischen exakten und beschreibenden Naturwissenschaften nicht behauptet werden, gehen doch beide von der Voraussetzung aus, daß Verhaltenskonstanzen existieren, um überhaupt Regelmäßigkeiten, die es zu erklären gibt, aufsuchen zu können.[43] Zwar gehen die beschreibenden Naturwissenschaften von konkreten Gegenständen und Erscheinungen aus, indem sie erst einmal versuchen, das empirische Material ihres Gegenstandsbereiches zu klassifizieren; die für die Organisation ihres Gegenstandsbereiches entworfenen Klassifikationsschemata haben jedoch nicht das Ziel, ihre Gegenstände formal beschreibbar zu machen (es ließen sich sonst für jeden Gegenstandsbereich beliebig viele Klassifikationsschemata entwerfen, die dies gewährleisten würden; Pflanzen ließen sich z.B. nach der Farbe ihrer Blüten klassifizieren), sondern zielen, indem sie nach "wesentlichen" Merkmalen zu klassifizieren suchen, schon immer auf Regelhaftigkeiten und letztlich auf reproduzierbare Verhaltenskonstanzen.

"Die Ebene der 'Tatsachen' ist für die 'beschreibende' wie für die 'theoretische' Naturwissenschaft daher allemal schon die des reproduzierbaren Experiments bzw. der beobachtbaren Verhaltenskonstanz."[44]

Die Angemessenheit eines Klassifikationsschemas erweist sich vorerst im Auffinden von Regelhaftigkeiten, dann aber in der Möglichkeit zur Formulierung von bedingten Aussagen, d.h. zur Subsumption der beobachteten Regelhaftigkeiten unter allgemeine Gesetze. Dadurch erst kann sich überhaupt das Problem ergeben, ein widerspruchsfreies Organisationsprinzip zu finden, das, sofern es über das zu organisierende empirische Material Behauptungen aufstellt, an diesem auch scheitern kann.

Der Fortschritt der beschreibenden Naturwissenschaften dokumentiert sich in der zunehmenden Subsumierbarkeit der von ihnen aufgefundenen Regelhaftigkeiten unter allgemein gültige Gesetze (in den meisten Fällen der Physik):

---

43) A. WELLMER (1967, S. 130)
44) A. WELLMER (1967, S. 130)

28

Komplizierte - Verflechtungen ...
Allhopsinne, Naturgeschichte + Physik

"Logisch gesehen handelt es sich (heute, Anm. H. B.) bei den meisten Wissenschaften, die eine praktische Bedeutung haben, um eine Mischung von Naturgeschichte und Physik. ... In den meisten Fächern, wie etwa der Geologie und der Pathologie, sind diese beiden Arbeitsweisen auf eine komplizierte Art miteinander verflochten. ..."[45]

Auf der technischen Seite entspricht diesem Erkenntnisfortschritt der beschreibenden Naturwissenschaften (und natürlich auch der Physik) eine zunehmende Beherrschung der Natur. Die Menschen stehen nicht mehr einer in Form von konkreten Gegenständen und Erscheinungen unmittelbar gegebenen Natur gegenüber, sondern setzen sich zu ihr ins Verhältnis über von den unmittelbar gegebenen Gegenständen und Erscheinungen abstrahierte Gesetze, die ihnen die technische Beherrschung von Naturkräften erlauben[46], es ihnen ermöglichen, die Kräfte der Natur gegen diese selbst zu wenden. Bei Peschel findet sich ein Beispiel, das dieses veränderte Verhältnis der Menschen zur Natur zu beleuchten sucht:

"Wo ein Gebirgskamm unsere Eisenbahnbauten verhindern möchte, wird er durch einen Stich unschädlich gemacht. Wie diess am Mont Cenis geschieht, ist nun ganz besonders lehrreich. Bekanntlich wird dort das pneumatische Bohrwerk durch Wasserkräfte in Bewegung gesetzt. Diese Kräfte sind ein Zubehör des Gebirgsstocks, denn er ist es ja, der die feuchten Luftströme auf ihrem Wege nach dem Innern des Festlandes aufhält, zum Aufsteigen nötigt, dadurch abkühlt und sie zwingt, ihre Feuchtigkeit fallen zu lassen. So kann man im gewissen Sinne sagen, die Wasserkräfte sind die Kräfte des Gebirges selbst, wenigstens ist der Mont Cenis die erzeugende Ursache jener Bäche, die den Bohrer in Bewegung setzen. Folglich darf man fortfahren und behaupten, der Mensch lege durch sinnreich erdachte Vorrichtung dem Mont Cenis den Stahl in die Hand und überlasse es ihm, sich selbst zu durchbohren. Fast ironisch zwingt hier menschlicher Scharfsinn die Natur, sich selbst zu corrigieren."[47]

---

45) S. TOULMIN (Einführung in die Philosophie der Wissenschaft, S. 56); "Naturgeschichte" steht bei Toulmin für das klassifikatorische, Regelhaftigkeiten aufspürende Verfahren der beschreibenden Naturwissenschaften, denen er die exakte "Arbeitsweise" der Physik gegenüberstellt.
Ein Beispiel für Versuche der Subsumpiton beobachteter Regelhaftigkeiten unter die Gesetze der Physik gibt in neuerer Zeit die Glaziologie. Ausgehend von Beobachtungen über die Fließgeschwindigkeit von Gletschern in Abhängigkeit von der Eismächtigkeit einerseits, Laborexperimenten zum Deformationsverhalten von Eis bei unterschiedlichen Spannungen andererseits, wurde versucht, den Bewegungsmechanismus von Gletschern mithilfe der Plastizitätstheorie zu beschreiben. Vgl. E. OROWAN (1948), J. W. GLEN (1952) J. F. NYE (1952) sowie die deutschsprachige Rezeption dieses Ansatzes bei H. KÖRNER (1954).

46) "Die so fungibel gewordenen Naturkräfte waren nicht mehr unmittelbar in der Natur vorzufindende Kräfte, sondern aus dieser erst herauszuarbeiten. Was unter technischen Bedingungen als Naturkraft anzusehen ist, ist seinerseits schon Resultat des Eingriffs in den Naturzusammenhang, Produkt von Arbeit, in dem das in der Natur vorgefundene Material nicht mehr wiederzuerkennen ist." (P. BULTHAUPT, 1973, S. 46 f.)

47) O. PESCHEL (1877, S. 387 f.)

*Einzl. Interpretation: SkH [Met Natur] konkret
vermitteln, scheinen von Natur : Natur
konkret vermittelt zu sein (über Me sozusagen
als tragende Dritte)*

[handschriftliche Randnotiz oben:] ... nur wenn der Geogr. ... Natur ... ergreift, wird daraus ein ... Mythologem

Der Mensch hat sich von den unmittelbaren Naturzwängen "durch sinnreich erdachte Vorrichtung" emanzipiert, hat sie "unschädlich gemacht". Dennoch hat sich der Mensch von der Natur nicht gelöst, sind es doch ihre und nicht seine Gesetze (bei Peschel: "Kräfte"), die ihm die Herrschaft über die Natur erlauben, und dies macht eben die "Ironie" des Verhältnisses aus.[48]

Richthofen zieht angesichts dieser Emanzipation der Menschen von den unmittelbaren Naturzwängen den richtigen Schluß, daß sich

"Schwierigkeiten bieten..., nach Ritter'schem Vorbild kausale Beziehungen zwischen dem festen Erdboden und dem so ungemein variablen Element des in der Kultur vorgeschritteneren Menschen bezüglich seiner Siedlungen und seines Verkehrs zu finden; und sie sind fast unüberwindlich geworden, seitdem die Hemmnisse freiwilliger Bewegung durch Erleichterung des Verkehrs gehoben worden sind, und die jetzigen Verkehrsmittel den Begriff natürlicher Verkehrslinien und natürlich begünstigter Siedlungsplätze, wie im Fall von Berlin, beinahe illusorisch gemacht haben".[49]

Die den Klassifikationsschemata der beschreibenden Naturwissenschaften zugrundeliegenden Hypothesen, mit deren Hilfe sich über das Aufsuchen identischer Fälle erst Regelhaftigkeiten auffinden lassen, die allgemeinen Gesetzen subsumierbar

---

48) Bei Hegel, auf den Peschels Interpretation zurückgehen dürfte, findet sich eine analoge Darstellung, nur daß hier die "Ironie" des Verhältnisses als "List" der Vernunft erscheint: "Die Vernunft ist eben so listig als mächtig. Die List besteht überhaupt in der vermittelnden Thätigkeit, welche, indem sie die Objekte ihrer eigenen Natur gemäß auf einander einwirken und sich an einander abarbeiten läßt, ohne sich unmittelbar in diesen Prozeß einzumischen, gleichwohl nur ihren Zweck zur Ausführung bringt."
(G. W. F. HEGEL: System der Philosophie I. § 209, Zusatz, S. 420)

Peschel übersieht jedoch im Gegensatz zu Hegel, daß gerade die Kenntnis der erst durch Abstraktion von den konkreten Erscheinungen beschreibbar gemachten Naturgesetze die technische Verfügung über Naturprozesse und -kräfte ermöglicht, wenn er behauptet, daß die das Bohrwerk antreibenden Wasserkräfte "ein Zubehör des Gebirgsstocks", "die Kräfte des Gebirgs selbst" seien, oder daß "der Mont Cenis die erzeugende Ursache jener Bäche (sei)", die den Bohrer in Bewegung setzen."

49) F. von RICHTHOFEN (1903, S. 678 f.); vgl. auch F. v. RICHTHOFEN (1912, S. 3 f.) und S. PASSARGE (Die Erde und ihr Wirtschaftsleben), S. 63). Für das theoretische Konzept der Geographie ist dieser Schluß ohne Konsequenz geblieben, ebenso wie Peschels Ankündigung, daß er im "Endergebnis, um es im voraus auszusprechen, uns jedoch zu einer beträchtlich veränderten Anschauung führen" werde (O. PESCHEL, 1877, S. 385), "etwas anderes" analysieren werde, "als was die Ritter'sche Schule zu geben beabsichtigt, welche die Geschichte der Bewohner 'vergleicht' mit der Natur ihres Schauplatzes, und die eine als Wirkung, die andere als Ursache erkannt sehen möchte". (O. PESCHEL, 1877, S. 399)

sind, hängen, sofern sie bei der Organisation des empirischen Materials scheitern können, von dessen Struktur ab, wenngleich die Struktur aus dem ausgebreiteten Material nicht ableitbar ist.[50] Die Klassifikationsschemata wie die ihnen zugrundeliegenden Hypothesen werden daher für jeden Gegenstandsbereich verschieden sein. So gelang eine befriedigende Klassifikation in der Zoologie erst, als die Entwicklung der Arten unterstellt wurde, während umgekehrt in der Chemie eine befriedigende Klassifikation erst dann gelang, als von der Annahme einer den Elementen innewohnenden Entwicklungstendenz bzw. Entwicklungsmöglichkeit abgegangen wurde.[51] So erklärt es sich, daß sich für verschiedene Gegenstandsbereiche verschiedene Wissenschaften herausgebildet haben, bzw. in einem frühe Stadium, in dem die beschreibenden Naturwissenschaften noch nicht als gesonderte Disziplin institutionalisiert waren, als voneinander gesonderte "Naturreiche" betrachtet wurden. Dies um so mehr, als eine Vielzahl von beschreibenden Naturwissenschaften (wie z.B. die Geologie) aus Handwerken hervorgegangen ist[52], welche aber die unterschiedliche Struktur ihrer Gegenstandsbereiche durch die unterschiedlichen Verfahren der Handhabung ihrer Gegenstände unmittelbar einsichtig machten. Das "Erdganze" der Kosmologie, den damaligen Geographen Gegenstand der "allgemeinen Erdkunde", wurde außerhalb der Geographie in verschiedene Gegenstandsbereiche aufgespalten:

"Eine allgemeine Erdwissenschaft war unmöglich geworden. ... Aber bei dieser Auflösung in einzelne Wissenschaften ging der geographische Gehalt, der der allgemeinen Erdkunde immer noch innegewohnt hatte, mehr und mehr verloren."[53]

---

50) "Die systematische Einheit der Resultate einer Wissenschaft ist sowenig wie die diese Einheit stiftenden Begriffe aus dem empirisch gewonnenen Material herauszulesen, noch ist sie durch ein bloß konventionelles Ordnungsschema, das mit dem Material nichts gemein hätte, zu begründen." (P. BULTHAUPT, 1973, S. 74;, vgl. auch S. 76 und 86)

51) Vgl. S. TOULMIN (1968, S. 77 ff. und S. 132) sowie P. BULTHAUPT (1973, S. 75 ff.)

52) TH. S. KUHN (1967, S. 36); vgl. auch F. v. RICHTHOFEN (1903, S. 674 f.)

53) A. HETTNER (1927, S. 88f) Hettner suggeriert mit dieser Formulierung freilich, daß die beschreibenden Naturwissenschaften sich aus der allgemeinen Erdkunde entwickelt haben. Vgl. auch F. V. RICHTHOFEN (1883, S. 44 f.), H. WAGNER (1920, S. 23), A. PHILIPPSON (1921, S. 11), H. SCHMITTHENNER (1954, S. 36), H. LAUTENSACH (1967, S. 2). Dies entspricht der Vorstellung, daß sie später wieder in die Geographie integriert worden wären (vgl. Anm. (55)).

Die Versuche der Rezeption naturwissenschaftlicher Methodik durch die Geographie, die bereits vor Peschel eingesetzt hatten, dann aber durch Peschels Polemik gegen Ritters Teleologie beträchtlichen Auftrieb erfuhren[54], hatten vor allem zur Folge, daß die durch die beschreibenden Naturwissenschaften vorgezeichnete Entwicklung nachvollzogen wurde, ein Vorgang, der sich für die Geographie noch über lange Zeit als Reintegration dieser Disziplinen darstellte.[55] Der Gegenstandsbereich und das Programm der Ritter'schen Geographie wurde in eine Vielzahl von Einzelbereichen und Problemen zerlegt in der Annahme, daß dies Voraussetzung wissenschaftlicher Forschung sei.[56] Neben der traditionellen und auch weiterhin betriebenen "Speziellen Geographie", der Berichte über die Besonderheiten der verschiedenen Länder (Länderkunde), entstanden die am Ziel der Auffindung allgemein gültiger Gesetze orientierten Disziplinen der "Allgemeinen Geographie".[57]

Damit ergaben sich jedoch für die Geographie zwei Probleme: Nachdem das ehedem göttliche Zwecke offenbarende Erdganze gemäß dem Anspruch kausaler Erklärung in Einzelerscheinungen atomisiert war, fanden sich die diese Einzelerscheinungen behandelnden Allgemeinen Geographien in ihrer Mehrzahl Wissenschaften gegenüber, die das gleiche Gebiet bereits mit gleichem Anspruch bearbeiteten (für den Bereich der Physischen Geographie waren dies z.B. die Meteorologie, Botanik und Zoologie). Vielfältige Hinweise auf Grenzstreitigkeiten sowie Klagen über die Anmaßung und Ausuferung der Geographie belegen das Konkurrenzverhältnis.[58]

---

54) H. BECK (1973, S. 245) weist auf "eine neue Ausprägung dieser Erdwissenschaft, die 1868/69 allgemein deutlich wurde", hin.

55) "Eine nach der anderen von den Aufgaben, welche ehemals der Geographie angehört und seitdem nur einen lockeren, unvermittelten Zusammenhang mit ihr gehabt haben, wird jetzt wieder von ihr aufgenommen." (F. v. RICHTHOFEN, 1883, S. 47)

56) "Zu höherer Ausbildung konnte sie nur durch Teilung der Aufgaben und der Arbeit gelangen. Und dafür wirkte der allgemeine Aufschwung der Naturwissenschaften." (F. v. RICHTHOFEN, 1903, S. 678) "Je klarer eine Aufgabe erfaßt ist, je deutlicher sie in ihre Theile zerlegt ist, um so mehr Aussichten auf Erfolg hat die darauf gewandte Mühe." (H. WAGNER, 1878, S. 585)

57) Vgl. H. BECK (1973, S. 262)

58) "Die Vertreter der Naturwissenschaften sehen die Geographie als einen Eindringling in ihr Gebiet mit scheelen Augen an und sprechen ihr vielfach das Recht auf selbständiges Dasein ab." (A. HETTNER, 1895, S. 1) Vgl. auch F. RATZEL (1882, S. 16), F. v. RICHTHOFEN (1883, S. 5), H. WAGNER (1920, S. 25)

Wollte sich die Allgemeine Geographie nicht in die bereits vorhandenen beschreibenden Naturwissenschaften und die im Entstehen begriffenen Sozialwissenschaften auflösen, mußte sie ihre Eigenständigkeit gegenüber diesen Disziplinen nachweisen.[59]

Zum zweiten war aber auch die Einheit des Faches in Frage gestellt, und zwar in mehrfacher Hinsicht. War es einerseits nicht einsichtig und der Logik der Entwicklung geradezu zuwiderlaufend, daß die einzelnen, jetzt verschiedene Gegenstandsbereiche bearbeitenden Allgemeinen Geographien weiterhin gemeinsam unter einem Dach betrieben werden sollten (auch Geologie, Meteorologie und Biologie bilden ja nicht eine "einheitliche" Wissenschaft), so stand andererseits gerade die Disziplin, die die verschiedenen Gegenstandsbereiche schon traditionell und auch jetzt noch in ihren Beschreibungen der Länder gemeinsam betrachtete, die "Spezielle Geographie", in methodischem Gegensatz zur Allgemeinen Geographie, da ihr Interesse auf das jeweils Besondere gerichtet war und ihr daher vom Standpunkt der Allgemeinen Geographie (zumal als bloßer Beschreibung des unmittelbar Gegebenen) nicht einmal der Status einer Wissenschaft zugesprochen werden konnte.[60]

---

59) "Mit dem Erstarken der kausalwissenschaftlichen Fragestellung...aber bahnte sich jene schwierige Situation der Geographie zwischen Weltbeschreibung und exakter Wissenschaft an, bedrängt von den sich mehrenden Nachbardisziplinen eine wissenschaftlich beachtliche eigene Forschungskonzeption verteidigen oder überhaupt entwickeln zu müssen, - eine Situation, die sich bis heute in einer Neigung des theoretischen Schrifttums der Geographie zur Apologetik und zu Beweisen der Existenzberechtigung des Faches dokumentiert." (D. BARTELS, 1968, S. 61) Den Geographen entging dabei jedoch gewöhnlich, daß, wollten sie ihre Eigenständigkeit unter Beweis stellen, sie damit zugleich die Wissenschaftlichkeit des sie gegenüber konkurrierenden Disziplinen Auszeichnenden zu beweisen hatten, denn diese läßt sich aus jener nicht ableiten. Bei F. MARTHE (1877, S. 443) wird dies noch deutlich, wenn er darauf hinweist, daß das Übergreifen auf Gebiete der Nachbarwissenschaften, "jene Erweiterung der Geographie ins Unermeßliche...ihr den Namen einer Raubwissenschaft oder auch die Bezeichnung als Nichtwissenschaft, als eines bloßen Aggregats von Wissensnotizen eingetragen hat". (Hervorh. H. B.)

60) A. SUPAN (1889, S. 77) zitiert die vielfach geäußerte Auffassung, die Spezialgeographie (Länderkunde) sei "nur die Vorstufe, über welche man in den Tempel der allgemeinen Erdkunde gelangt. ...Sicherlich ist diese Auffassung zunächst ein Ausfluß der naturwissenschaftlichen Richtung unseres Zeitalters. Man sucht nach Gesetzen, und solche findet man in der Spezialgeographie nicht, da diese immer nur einen einzelnen Fall behandelt."

Mit Ritters teleo zivot die (eine Geographie) zahlet des 'Hier'

Schließlich war aber auch die Einheit der Geographie insofern fraglich geworden, als nach Eliminierung der Teleologie ein den Zusammenhang von Physischer Geographie und Historischer Geographie aus dem Verhältnis Natur-Gesellschaft begründender theoretischer Rahmen fehlte.[61] Dies hatte zur Folge, daß - abgesehen davon, daß der Schwerpunkt der Allgemeinen Geographie in der Physischen Geographie gesehen wurde - die Historische Geographie, wenn auch nur vereinzelt, als damit geradezu unvereinbar angesehen wurde.[62] Die Geographie sah sich also vor das Problem gestellt, die durch das Eindringen der Postulate des Empirismus bzw. ihre Orientierung am Beispiel der Naturwissenschaften in ihrem Gebäude aufgerissenen Widersprüche zu bereinigen. Von entscheidendem Einfluß auf Verlauf und Ergebnis der hierüber geführten Diskussion war die Forschungspraxis der Entdeckungsreisenden - nicht zuletzt deshalb, weil es in der Ära der kolonialen Inbesitznahme der Erde gerade die Entdeckungsreisen waren, die der Geographie ihre öffentliche Legitimation und im Gefolge davon ihre Institutionalisierung sicherten.[63] Die gegen Ende dieser Periode der "Entschleierung" der Erde, in der das Interesse auch der Geographen an der Geographie ganz durch die "Spannung" absorbiert war, mit der die "kühnen Unternehmungen" der Entdecker verfolgt wurden[64], wieder einsetzende theore-

---

61) "Der Hiatus zwischen Mensch und Natur, den Ritter nicht kennt, ...tritt hier (bei Peschel, Anm. H. B.) zum ersten Mal hervor." (H. SCHMITTHENNER, 1957, S. 5). Diese Seite des Problems hat dann Ratzel mit seiner "Anthropogeographie" aufgegriffen und eine Theorie menschlichen Verhaltens gegenüber der Natur als Theorie des Wanderns entworfen. Seine Konzeption, die in ihrer eingeschränkten (und falschen) Perspektive sich in den unauflöslichen Widerspruch zwischen der Behauptung eines platten Naturdeterminismus (F. RATZEL, 1882, S. 42 f.) und der Behauptung eines frei über den Naturbedingungen und -gesetzen schwebenden menschlichen Geistes (S. 51) verstrickte, zu kritisieren, würde den Rahmen dieser Arbeit sprengen. Vgl. dazu U. EISEL (1973).

62) "...wir haben es erlebt, daß man im Widerspruch mit der ganzen Entwicklungsgeschichte unserer Wissenschaft den Menschen aus der Geographie hinauswies, und vom Standpunkt der allgemeinen Erdkunde ist diesem Gewaltakt Konsequenz nicht abzusprechen." (A. SUPAN, 1889, S. 76) Vgl. auch D. BARTELS (1968, S. 123).

63) Vgl. F.-J. SCHULTE-ALTHOFF (1971, S. 112): "Man darf außerdem unterstellen, daß das Engagement der deutschen Geographen in dieser Angelegenheit nicht zuletzt auch dem Kalkul entsprungen ist, daß die Geographie, die ja noch im Kampf um ihre Verselbständigung im Kreise der anderen Wissenschaften und um ihre Respektierung in der Öffentlichkeit rang, jetzt eine einmalige Gelegenheit erhalten hatte, ihren praktischen Wert in einer Frage von offenbar existentieller Bedeutung für die Zukunft des deutschen Volkes zu beweisen."

64) "...die Registrierung zahlloser Einzel-Beobachtungen nahm alle Kräfte in Anspruch. ...Da blieben denn Untersuchungen über die allgemeinen Ziele und Aufgaben der Erdkunde...mehr oder weniger ganz ausgeschlossen aus den geographischen Zeitschriften, welche in erster Linie die Vertreter der wissenschaftlichen Erdkunde waren." (H. WAGNER, 1878, S. 553).

Die Geogr. repräsentieren die Elements der Erde (die man anderen gezeigt wird) im werte.

tische Diskussion über "Wesen", "Aufgaben" und "Methoden" der Geographie gab
zwar die Ansprüche naturwissenschaftlicher Methodologie nicht formell auf, aber
sie war Reflexion auf eine bereits vorgefundene, aus einem gänzlich anderen Interessenzusammenhang entstandene Forschungspraxis.

2.2 DIE METHODOLOGISCHE RESTITUTION DER GEOGRAPHISCHEN TELEOLOGIE UNTER DEM EINFLUSS DER FORSCHUNGSPRAXIS DER ENTDECKUNGSREISENDEN

Es waren vornehmlich die Interessen der Exportwirtschaft an der Erkundung von
Absatzchancen für Industrieprodukte, an im Tausch dagegen erhältlichen Rohstoffen und Luxusgütern sowie an den Möglichkeiten und Bedingungen der gewinnträch-
tigen Anlage von Kapital im Bereich der Rohstoffextraktion und Plantagenwirt-
schaft, die den Entdeckungsreisenden als Richtschnur ihrer Beobachtungen dien-
ten, auch dort, wo Abenteuerlust und der Reiz der Exotik ferner Länder der subjektive Antrieb für ihre Unternehmungen waren. Die Verbindung von wirtschaftli-
chem Interesse und geographischen Entdeckungen war nicht neu, sondern hatte schon
damals eine lange Tradition, waren es doch von jeher Kaufleute und zur explorati-
ven und gewaltsamen Erschließung von Handelsmöglichkeiten ausgesandte Expeditionen, die einen Großteil der den geographischen Tatsachenschatz ausmachenden Nach-
richten aus fremden Erdteilen beigesteuert hatten, und umgekehrt hatten die Entdeckungsreisenden schon immer friedlich oder gewaltsam sich ausbreitenden Handelsbeziehungen den Weg geebnet.[1] Auch jetzt noch waren die Entdeckungsreisenden meist keine Geographen vom Fach im engeren Sinne. Noch Richthofens "Führer
für Forschungsreisende" wendet sich ja an Reisende ohne wissenschaftliche Vorbildung oder an "solche, welche als Missionare, Kaufleute oder in anderen Be-
schäftigungszweigen dauernd in wenig erforschten Ländern leben".[2] Ein Novum war
die Orientierung nicht mehr nur an den Interessen der Handelsgesellschaften, son-

---

1) Vgl. F. v. RICHTHOFEN (1903, S. 658 - 667)
2) F. v. RICHTHOFEN (1901, S. IV)

dern zunehmend der Industrie. Hatte sich der Handel mit der Erkundung der Küsten-
gebiete begnügt, um hier Handelsstationen zu errichten, so verlangte der Export
von Kapital und Arbeitskräften sowie der rasch zunehmende Rohstoffbedarf eine Erkundung auch des Inneren der Kontinente. So erklärt sich auch die seit der Mitte
des 19. Jahrhunderts rasch zunehmende Zahl der Expeditionen, die innerhalb kürzester
Zeit die noch verbliebenen "weißen Flecken" auf der Weltkarte tilgten. Den Geographen erschien die Verquickung von Reiseforschung und unmittelbarem praktischem Interesse daher nur natürlich und nützlich, und sie waren sich der praktischen Bedeutung ihrer Entdeckungen durchaus bewußt. Die Geographie galt ihnen als "praktische Wissenschaft"; unter dem Schlagwort der "Erschließung" fielen für sie die
"Erweiterung des Gesichtskreises" und die Ausweitung der Handelsbeziehungen zusammen.[3] Es ist in dem hier erörterten Zusammenhang nur von untergeordneter Bedeutung, ob und inwieweit die Entdeckungsreisenden bzw. Geographen die Ziele und
Mittel der kolonialen Expansion bejahten oder gar an deren Formulierung beteiligt
waren, oder ob sie sich diesen aus mehr taktischen Gründen, also der Gunst bzw.
Not der Stunde gehorchend, unterwarfen.[4] Behauptet wird hier die faktische Ein-

---

3) "Handels-Interessen gehören genau genommen nicht in das Gebiet der geographischen Wissenschaft, aber die beiden Gebiete berühren sich überall und sind
faktisch nicht voneinander zu trennen." (C. EGGERT, 1885, S. 51) "Kühne Unternehmungen, welche die räumliche Kenntnis des Erdballs erweitern, stete Beobachtung in der Natur und unmittelbares Eingreifen in weltbewegende praktische
Aufgaben verbinden sich auf ihrem Boden mit den Erfordernissen strengster Methode in Messung und Beobachtung." (F. v. RICHTHOFEN, 1883, S. 72) "Was indes
derartige Bemühungen vermögen, kommt wie der Wissenschaft einerseits, so auf
der anderen dem Handel und der Industrie zu Nutzen, denn die Geographie steht
auf einer Vermittlungslinie zwischen dem theoretischen und praktischen Leben.
Die Wege, die ihre Pioniere erschließen, führen früher oder später zu Verkehrs-
märkten, nach denen bald der Kaufmann folgt und auf denen sich im betriebsamen
Austausch neue Erwerbsquellen erschließen. In umsichtiger Verwertung der von
der Geographie gebotenen Hilfsmittel ist der mächtige Welthandel erwachsen..."
(Correspondenzblatt Afrik. Ges. 1, 1873, S. 2) "... und nicht nur für die Zukunft und für die Wissenschaft als solche, sondern auch unmittelbar für das
praktische Leben arbeitend, hat unsere Disciplin den gesunden, befruchtenden
Zusammenhang mit der Praxis, mit dem Leben nie verloren." (E. PETRI, 1866, S.168)

4) Es ist hier also eine andere Frage zu beantworten als diejenige, die sich Schulte-Althoff in seiner Arbeit vorlegt. Während Schulte-Althoff zu klären versucht, inwieweit die deutsche Geographie Einfluß auf die deutsche Politik im
Zeitalter des Imperialismus hatte, soll hier umgekehrt der Einfluß wirtschaft-
licher und daran anschließender politischer Interessen auf die Geographie aufgezeigt werden.

nicht die Universität ?

ordnung in einen unabhängig von den subjektiven Motivationen der Entdeckungsreisenden bestehenden Interessenzusammenhang, und die läßt sich vielfältig belegen.

Die geographische Reiseforschung in der Ära der kolonialen Expansion wurde nicht
von den Universitäten, sondern von den Geographischen Gesellschaften, vor allem
aber von Institutionen wie der 1873 gegründeten "Deutschen Gesellschaft zur Erforschung Äquatorialafrikas" (auch "Afrikanische Gesellschaft"), die 1876 in die
"Deutsche Afrikanische Gesellschaft" umgewandelt wurde, sowie dem 1878 gegründeten "Zentralverein für Handelsgeographie und Förderung deutscher Interessen im
Ausland"[5] projektiert und finanziell getragen. Diese Institutionen brachten ihre
Mittel durch Mitgliedsbeiträge, staatliche Zuschüsse und Spenden von Handelsgesellschaften, Banken und Industrie, aber auch von Privatpersonen auf.[6] Darüber
hinaus zeigen sie auch personell[7] und in ihren satzungsmäßig festgelegten Zielen
die Verschränkung von staatlichem, privatwirtschaftlichem und geographisch-wis-
senschaftlichem Interesse. Erklärtes Ziel beispielsweise der Afrikanischen Gesellschaft war "über die wissenschaftliche Erforschung hinaus auch die Erschließung
Zentralafrikas für Kultur, Handel und Verkehr"[8], oder wie es die Afrikanische
Gesellschaft selbst - die Ergebnisse ihrer Arbeit vorwegnehmend - etwas blumiger
formuliert:

---

5) Nach einer Aufstellung von Schulte-Althoff wurden 10 von 21 in der Zeit von
   1875 - 1880 von deutschen Forschungsreisenden nach Afrika durchgeführten Expeditionen von der Afrikanischen Gesellschaft allein oder anteilig getragen.
   F.-J. SCHULTE-ALTHOFF (1971, S. 241 f.). Nach Gründung der deutschen Kolonien
   kam zu diesen Institutionen noch die "Landeskundliche Kommission des Reichskolonialamtes" hinzu.
6) Vgl. F.-J. SCHULTE-ALTHOFF (1971, S. 54 ff. und 80 ff.)
7) Vgl. F.-J. SCHULTE-ALTHOFF (1971, S. 72 ff.)
8) F.-J. SCHULTE-ALTHOFF (1971, S. 72). NEUMAYER (1906, S. X) war bei seiner Arbeit
   bestrebt, "die deutschen kolonialen Bestrebungen zu fördern." Neumayers "vater-
   ländische(r) Geist in der wissenschaftlichen Arbeit" dürfte wohl dadurch sehr
   gefördert worden sein, daß ihm "Seine Exzellenz der damalige Chef der Admirali-
   tät ... die geschäftliche Grundlage" seiner Arbeit sicherte. (1906, S. XII) Zu
   den Zielen der Landeskundlichen Kommission des Reichskolonialamtes vgl. H. MEYER,
   (1910, S. 724): "Es ist daher am letzten Ende nicht geographische Wissenschaft
   allein, sondern auch praktische Kolonisation, die wir mit der planmäßigen landeskundlichen Erforschung der Schutzgebiete fördern wollen und können, ohne direkt
   in praktische Aufgaben einzugreifen."

"das Afrika umnachtende Dunkel wird schwinden und die Ernte der unter schweren Mühen und schmerzlichen Opfern gestreuten Saat wird heranreifen."[9]

Die Eröffnungsansprache Gustav Nachtigals zum ersten deutschen Geographentag beleuchtet die sich hieraus für die geographische Forschung ergebenden Verpflichtungen aufmerksam:

"Die afrikanische Gesellschaft in Deutschland ist erst nach mehrfacher Umwandlung aus der Deutschen Gesellschaft zur Erforschung Äquatorial-Africa's entstanden und hat sich in jedem Jahr einer nicht unbeträchtlichen Subvention aus Reichsmitteln zu erfreuen gehabt...jede Änderung ihrer Statuten würde die Reichsunterstützung ernstlich gefährden."[10]

Zur Diskussion stand damals eine Ausdehnung der von der Afrikanischen Gesellschaft betreuten Forschungsaktivitäten über den Bereich von Afrika hinaus sowie deren Orientierung primär an den Aufgaben "reiner Wissenschaft" - was beides offenbar den Entzug der Subventionen zur Folge gehabt hätte. Die finanzielle Unterstützung der geographischen Reiseforschung war also einerseits an inhaltliche, andererseits an regionale Auflagen gebunden. Tatsächlich konzentrierten sich denn auch die Entdeckungsreisen auf den "dunklen Kontinent" sowie - in beschränkterem Maße - auf Südostasien, zwei Regionen also, die unter dem Gesichtspunkt des möglichen Erwerbs von Kolonien durch Deutschland von besonderem Interesse waren, die für die Ableitung allgemein gültiger Gesetzesaussagen aber wohl kaum aufschlußreichere Ergebnisse zu erbringen versprachen als andere Regionen.[11] Insbesondere aber die von den Entdeckungsreisenden gelieferten Berichte spiegeln durch die Auswahl

---

9) Mitt. Afrik. Ges. in Deutschland, 1, 1878/79, S. 19. Die erwartete "Ernte" wird an anderer Stelle so spezifiziert: "... der für Verkehr und Handel Deutschlands auf diese Weise erreichte Gewinn wird ein in die Augen springender und den betreffenden Kreisen bald fühlbar sein." (Mitt. Afrik. Ges. in Deutschland, 4, 1883-85, S. 216)

10) G. NACHTIGAL (1882, S. 11)

11) Richthofen, dessen Reisen in China zuerst von der Bank of California, später dann von der europäisch-amerikanischen Handelskammer finanziert wurden, begründet noch die Wahl einer speziellen Region in China für seine Untersuchungen mit praktischen Interessen: "Von rein wissenschaftlichem Gesichtspunkt bieten daher der ferne Westen und die Küstenländer gleiches Interesse. Aber wenn man die praktischen Beziehungen der Geologie auch noch in die Wagschale legt, so schlägt sie entschieden zu Gunsten der Küstenländer und der Ufergegenden der großen Ströme aus." (F. v. RICHTHOFEN, 1869, S. 321)

der beobachteten Tatsachen wie auch durch die Kategorien der Beschreibungen das Interesse, das sie zu befriedigen gehalten waren, wollten sie nicht ihrer finanziellen Unterstützung verlustig gehen.

In dem Maße, wie die öffentliche Reputation der Entdeckungsreisenden und die finanzielle Unterstützung für die Fortführung ihrer Unternehmungen von der Entdeckung verfügbar zu machender Ressourcen und der Auskundschaftung der "günstigsten Angriffspunkte für legitimen Handel"[12] abhängig waren, nahm für sie das in fernen Ländern sich darbietende Absonderliche und Andersartige unter den Kategorien der Verwertbarkeit und des Gewinns die Form von Tauschobjekten und Reichtumsquellen für die Europäer an.[13] Mehr noch: Wo die Entdeckungsreisenden nicht von vornherein den Interessenstandpunkt europäischer Handels- und Industrieunternehmen bezogen, sondern beseelt von dem Glauben an die europäische Mission über die Erde in die noch unbekannten Fernen auszogen, beruhigte sich das schlechte Gewissen, das sich angesichts der friedlichen und blühenden Kulturen z.B. Inner-Afrikas einerseits, der tatsächlichen und augenscheinlichen Folgen der von den Entdeckungsreisenden mit vorbereiteten "Zivilisierung" der eingeborenen Völker andererseits einstellte[14], mit der Behauptung oder gar dem "Nachweis", daß es

---

12) W. WESTENDARP (1885, S. 81)

13) Vgl. H. v. HOLTEN (1877, S. 125): "Dieser Gürtel mit europäischer Bevölkerung besetzt, würde das reichste Land in Bolivien sein. Fast alle Produkte gedeihen in demselben: Weizen, Mais, Yuka, Comotos (süsse Kartoffel), Bananen, Ananas, Caffe, Zucker, spanischer Pfeffer, alles Artikel, die sehr hohe Preise im Innern erzielen..."; W. SCHIMPER (1877, S. 113): "Europäische, mit einigen Capitalien versehene Bergleute würden hier sicherlich gewinnbringende Resultate erzielen..."; P. REICHARD (1887, S. 96): "Zur ausgiebigen Nutzbarmachung der Felder durch Europäer wären Wassersammelbecken notwendig, doch würde deren Anlage...eine sehr kostspielige sein." Und noch E. OBST (1915, S. 9) wollte feststellen, "ob die bereisten Landschaften für eine Besiedlung mit Weißen geeignet sind, ob Rinderzucht möglich ist oder wie man die durch den Bau der ostafrikanischen Zentralbahn erschlossenen Ländereien sonst ausnützen kann."

14) "Sie wohnten in schönen geräumigen Häusern, in hübschen reinen Dörfern, die von Palmen und Bananen um- und überschattet sind und machen einen im höchsten Grade glücklichen Eindruck, sodaß man als Reisender, wenn man plötzlich in diese Dörfer hineinkommt, sich wirklich manchmal fragt, von welchem Vorteil für die armen Eingeborenen der erste Eindringling der Civilisation ist. Aus den zunächst durch die Civilisation verderbten Gegenden in diese glücklichen, von der Civilisation noch unberührten Dörfer hineinkommend, überschleicht einen ein ganz eigentümliches Gefühl, wenn man sich diese Frage vorlegt." (v. WISSMANN, 1883, S. 71)

"Naturnotwendigkeit" oder "Zweck" der Geschichte sei[15], was sich unter den Augen der Entdeckungsreisenden abspielte.[16] In diesem Kontext ist auch die stereotype und klischeehafte Argumentation zu verstehen, die für die schwarze Bevölkerung Afrikas zu belegen behauptete, daß sie einerseits aufgrund ihrer physischen Konstitution zu schwerer körperlicher Arbeit besonders geeignet sei, andererseits aber aufgrund ihres "Charakters" nur durch Zwang dazu zu bewegen sei, ließ sich doch damit praktisch jede Brutalität der Europäer bei der "Zivilisierung" des "dunklen Kontinents" rechtfertigen. So konnte auf dem siebten deutschen Geographentag - mehr als 6 Jahrzehnte nach dem offiziellen Verbot des Sklavenhandels -

---

15) "Die verschiedenen Stämme (der australischen Provinz Victoria, Anm. H. B.) vermindern sich jedoch rasch, ein Stamm nach dem anderen verschwindet, gemäss jenem allgemeinen und unerklärlichen Gesetze, dessen Zweck zu sein scheint, der Civilisation den Weg zu bahnen überall, wo der Weisse einmal ihre Fahne aufgepflanzt hat." (A. PETERMANN, 1855a, S. 360) "... man glaubt mitzuerleben die entsetzlichen Szenen, die sich in dem Vernichtungskampf gegen jenes unglückselige Volk (die Buschmänner, Anm. H. B.) abspielen, in einem Kampf, der mit einer gegenseitigen Erbitterung und Grausamkeit ohnegleichen geführt wird. Versöhnend wirkt allein die Überzeugung, daß er eine Naturnotwendigkeit ist, daß die Hauptschuld das unterliegende Volk trägt." Und, um die "Versöhnung" mit dem Verbrechen abzurunden, wird der "Hauptschuldige" anschließend auch noch durch sein soziales Fehlverhalten dingfest gemacht: "Verdrängt von dem Stärkeren, wird der Buschmann zum Diebe, zum Räuber, zum Anarchisten". (s. PASSARGE, 1905, S. 194 f.)

16) "Die Tatsachen stehen allerdings fest, dass, um dem Arbeitermangel in Australien abzuhelfen, eine Zeit lang die an Bord gelockten Wilden einzelner Südsee-Inseln nicht bloss als Sklaven entführt und verkauft, sondern in undenkbar unmenschlicher Weise auf den Schiffen behandelt und bei endlich ausgebrochener Revolte niedergeschossen und die Verwundeten dann dutzendweise noch lebend, zwei und zwei zusammengebunden, über Bord geworfen worden sind, um sich dieser durch ihre Wunden sprechenden Augenzeugen zu entledigen... Es soll ferner feststehen, dass Europäische und Amerikanische Kapitaine - da das Ansehen der Häuptlinge sich an einzelnen Stellen nach der Zahl abgeschnittener Köpfe richtet, welche sie aufweisen können - die Wilden an anderen Stellen durch Anbieten von Geschenken an Bord gelockt haben, nur um ihnen die Köpfe abzuschneiden und diese dann gegen Sandelholz oder Sklaven an jene Häuptlinge einzutauschen." (F. v. SCHLEINITZ, 1877, S. 257 f.). "Die ganze Gegend von Sankuru bis zum Lomani ist ganz immens bevölkert und sehr hochstehend in der Industrie, in der Verarbeitung des Eisens, eines Kleiderstoffes, dort Mabelezeug genannt, mit sehr schönen geschmackvollen Mustern und wunderschönen Farben, wahrhaft reiche Stoffe, sodaß man sich oft wundert, wie die Leute diese schönen Stoffe gegen das erbärmliche Zeug, welches man ihnen als Handelsartikel bietet, das Manchesterzeug, austauschen können. Es ist aber neu und infolge dessen wie bei uns gleich gesucht, und zerstört dann leider, wie wir vorher gefunden hatten, sofort die heimische Industrie, die uns hier noch zu Gesicht kam." (v. WISSMANN, 1883, S. 72)

noch offen die Sklaverei propagiert werden.[17] Den Entdeckungsreisenden blieb,
angesichts der Tatsache, daß ihre zivilisatorische Mission sich auf die bloße
Vorbereitung eines Geschäfts reduzierte, an dessen "Ernte" sie überdies nicht beteiligt waren, als subjektive Motivation allein das "Abenteuer", das aber, weil
es finanziert sein wollte, immer noch soviel an verwertbarer Information hergeben
mußte, daß - wie es der Hamburger Unternehmer Westendarp etwas überspitzt formuliert - sich in der "jährlichen Bilanz" der Geldgeber angesichts der "Unkosten"
ablesen ließ, "ob die Einnahmen dementsprechend - oder wenigstens dementsprechen-
de Aussichten vorhanden".[18]

Zumindest die notwendigen Informationen beizubringen, waren die Entdecker redlich
bemüht, selbst dort, wo sie, um die Bedeutung ihrer Entdeckung herauszustreichen,

---

17) "Der Charakter der Neger ist vorwiegend aus schlechten Eigenschaften zusammen-
gesetzt. Er hat etwas vom Clown und der Bestie. Er ist kindlich und verschla-
gen, tapfer und feige; er ist abergläubisch, lügt und stiehlt; er kann schwere
Arbeit verrichten, ist aber faul; er ist grausam und gutmütig...Diese scheinen
die Kunst zu besitzen, sich bei anstrengender Arbeit in eine stumpfsinnige Gei-
stesabwesenheit zu versetzen, denn anders könnte man sich nicht erklären, wie
sie monatelanges schweres Lastentragen, wobei ihnen die Schultern wund wurden,
ohne Murren ertragen können. Auch bei schweren Peitschenhieben oder sonstigen
körperlichen Züchtigungen bleiben die meisten stumm. ... Zu regelmäßiger Arbeit sind sie nur durch Zwang zu bringen, und wenn Mitglieder der Ostafrikanischen Gesellschaft für die Sklaverei eintreten, so finde ich den Gedanken,
der uns freie Europäer so sehr empört, für die dortigen Verhältnisse ganz am
Platze und habe ich mir oft genug auf meiner Reise gesagt, daß nur so der
Neger als Arbeiter zu verwenden sei." (P. REICHARD, 1887, S. 100 f.) Diese
Argumentationsfigur ist so alt wie die "Zivilisierung" Afrikas durch europäische Sklavenhändler. Davidson führt den Bericht eines Deutschen namens Söm-
mering aus dem 18. Jahrhundert an, in dem behauptet wird, die Bevölkerung
Guineas "sei weniger empfindlich als andere gegenüber körperlichen Schmerzen
und naturbedingtes Unheil sowie gegenüber beleidigender und ungerechter Behandlung. Kurzum, niemand sonst sei so geeignet zum Sklavendasein und niemand
mit soviel passiver Unterwürfigkeit dafür ausgerüstet". (B. DAVIDSON, 1966,
S. 13 f.)

18) W. WESTENDARP (1885, S. 82). Den Mechanismus der Übertragung der Interessen
der Auftraggeber auf den Inhalt und die Kategorien der Beschreibung, die,
"Verwandlung der Natur in die Warenform", die nur "aus ihren unauftrennlichen
Verflechtungen mit dem Tauschwertstandpunkt" verständlich wird, beschreibt
Moebus ausführlich schon am Beispiel Kolumbus. (J. MOEBUS, 1973)

[handschriftliche Notiz: Land + Leute als Ressourcen]

den Wert des von ihnen Beobachteten in ihren Berichten übertrieben darstellten. In der überwiegenden Mehrzahl der Reiseberichte finden sich daher - eingestreut in Beschreibungen von in der "Ferne" anzutreffenden Kuriositäten, des Reiseverlaufes (der "bestandenen Abenteuer") und der Reiseroute - immer wieder Hinweise auf austauschbare Produkte, Handelsstraßen und Umschlagplätze, vor allem aber ökonomisch bedeutsame Ressourcen. Letztere werden im durchaus umfassenden Sinne verstanden: nicht nur das "Land", sondern auch die "Leute" werden nach ihrem Wert und ihrer Verwertbarkeit kalkuliert.[19] Richthofen begründet das in seinem Führer für Forschungsreisende folgendermaßen:

"Der Reisende sollte nun zwar überall in weniger bekannten oder unbekannten Ländern seine Aufmerksamkeit diesem Gegenstande (hier: den nutzbaren Mineralien, Anm. H. B.) zuwenden, da die Möglichkeit, Ergebnisse von praktischer Bedeutung zu gewinnen, häufig vorhanden ist. Aber gleichzeitig sollte er mit Sorgfalt alle Umstände prüfen, welche die Gewinnung und Verwertung eines Minerals betreffen, um nicht unerfüllbare Hoffnungen zu erwecken oder erfolglose Unternehmungen zu veranlassen. ... Eine mässig reiche Erzlagerstätte kann bei schlechten Beförderungsmitteln und großer Entfernung von dem Orte der Zugutemachung gewinnbringend sein, eine andere noch reichere allein durch den Umstand eines regenlosen Klimas dem Abbauen unüberwindliche Schranken entgegensetzen oder durch die Lage in einer schwer zugänglichen Gebirgsgegend jeden Gewinn ausschliessen. Sind billige Arbeitskraft, gutes Brennmaterial, Wasserkraft und leichte Beförderungsmittel vorhanden, so ist oft eine arme Lagerstätte noch mit Erfolg auszubeuten."[20]

Hier ist bereits eine Vielzahl von Faktoren aufgezählt, deren Kenntnis und "sorgfältigste Berechnung" (Richthofen) kolonialen Unternehmungen zugrundeliegen mußten, sollten diese nicht als verlustreicher Fehlschlag enden.

---

19) Vgl. J. Moebus 'Charakteristik der Reiseberichte von Kolumbus (1973, S. 286): "Tropischer, phantastischer Überfluß an Naturprodukten, ein schöngewachsener, kommunizierfreudiger, unbewehrter, sinnlicher Bewohner der Natur, Produktivkraft und Produkt, leichthändigen Zugriff, kaum behinderten Zutritt indizierend, werden in einem vielfach gehandhabten Verschleierungsverfahren unentwirrbar mit der Absicht verbunden ausgesprochen, das Unternehmen zu legitimieren, dazu zur Fortsetzung aufzustacheln und zu Investitionen anzuregen."

20) F. v. RICHTHOFEN (1901, S. 697 f.); vgl. auch A. HETTNER (1895, S. 12). Später, allerdings im Versuch der Verwissenschaftlichung der Ressourcenbeschreibung zu einer geographischen Standortlehre, formuliert Hettner das etwas allgemeiner so: "Die Frage heißt nicht nur: ist ein wertvolles Material vorhanden, sondern auch: sind Arbeitskräfte da, können die nötigen Maschinen hingebracht werden, gestaltet sich der Transport nicht zu teuer?" (A. HETTNER, 1927, S. 322)

[handschriftliche Notiz: Ressourcenbeschreibung → Standortlehre (Neuropolitik?)]

Wird das "Land" beschrieben, finden sich Angaben über die Zugänglichkeit des Gebietes in Form von Beschreibungen natürlicher Hindernisse, der Schiffbarkeit von Flüssen und Möglichkeiten zur Anlage von Verkehrswegen; über die Güte des Bodens und dessen Eignung für den Anbau; über das Klima, seine Einflüsse auf die landwirtschaftliche Produktion wie auf die Arbeitsfähigkeit von Eingeborenen und Europäern; über vorfindbare Nutzpflanzen, Nutztiere und schließlich und hauptsächlich über das Vorkommen von wertvollen Bodenschätzen.[21]

Werden die "Leute" beschrieben, so sind es (neben ihrer sozialen Organisation und ihren kulturellen Bräuchen) immer auch die von ihnen produzierten Waren und deren Preise, ihre Austauschgepflogenheiten, ihr Verhalten gegenüber Europäern und nicht zuletzt auch ihre physische und psychische Eignung für schwere körperliche Arbeit sowie das Ertragen von Unterdrückung und Erniedrigung, auf die sich die Aufmerksamkeit richtet.[22] Zwar dürfte wohl für die Mehrzahl der Entdeckungsreisenden gegolten haben, daß sie, wie Richthofen es ausdrückt, "nur unbestimmte Vorstellungen von den Bedingungen der Verwertbarkeit"[23] der von ihnen beschriebenen Ressourcen hatten, was zunehmend Kritik von Seiten der Kaufleute und Unternehmer

---

21) Als beispielhaft für die Betrachtung der natürlichen Ressourcen unter dem durchgehenden Gesichtspunkt der Verwertbarkeit kann A. Petermanns Arbeit "Zur Physikalischen Geographie der Australischen Provinz Victoria" gelten, in der die bis dahin greifbaren Ergebnisse der Reiseforschung in diesem Gebiet sorgfältig zusammengestellt sind. Das Vorkommen bestimmter Arten der Bodenplastik, Flüsse, Küsten, Böden, Klima, Vegetation, Tiere und geologische Formationen werden aufgezählt, lokalisiert und als "geeignet", "fruchtbar", "nützlich", "schiffbar", "erschwerend", "wichtig", "der Ausbeutung wohl würdig", "wertvoll", als "Reichthumsquelle" oder auch als "bestimmt, in der Geschichte der Industrie Victoria's noch eine grosse Rolle zu spielen" gewertet und die Möglichkeit ihrer Nutzung als "verheissungsvoll" oder aber "sehr kostspielig" beurteilt. (A. PETERMANN, 1855a)

22) Als Beispiel für die "sozialen Ressourcen" mit in Betracht ziehende Forschungsberichte können diejenigen Ferdinand von Richthofens gelten. In einer Arbeit über die Provinz Schantung widmet er seine Aufmerksamkeit nicht nur den Naturbedingungen, sondern auch den "für den Fremdhandel" bedeutsamen Produkten, der Entwicklung der Industrie und des Verkehrsnetzes und schließlich den Bewohnern. Sie sind "kräftig", "fleißig und gesittet, dem Opiumgenuß wenig ergeben und zeichnen sich durch anständiges Benehmen aus". Insgesamt bescheinigt er der Provinz "Riesenschätze an natürlichen Hilfsquellen und menschlicher Arbeitskraft" und kommt in Ansehung dessen zu dem Ergebnis, daß "ihre Produktion durch Hebung und zweckmässige Verwertung der Kohle vermehrt werden kann". (F. v. RICHTHOFEN, 1897). Weitere Beispiele von Ressourcenbeschreibungen finden sich z.B. bei h. v. HOLTEN (1877), W. JUNKER (1877), PECHUEL-LOESCHE (1883), P. REICHARD (1877), G. ROHLFS (1877), W. SCHIMPER (1877) sowie G. ZÜNDEL (1877).

23) F. v. RICHTHOFEN (1901, S. 397)

veranlaßte; dennoch konnte die Exportwirtschaft den geographischen Reisebeschreibungen wertvolle Hinweise und Informationen entnehmen und wertete diese daher sorgfältig aus.[24] Umgekehrt fühlten sich die Entdeckungsreisenden und Geographen
durchaus kompetent, über die Eignung bestimmter Regionen für die wirtschaftliche
Erschließung und Kolonisation zu urteilen.[25] Dieser Selbsteinschätzung entspricht
es, daß sowohl die Kolonialfrage wie auch sämtliche in diesem Zusammenhang ausgetragenen Kontroversen in der geographischen Literatur ihren Niederschlag gefunden
haben.[26]

Wie schon traditionell war auch jetzt noch die Reiseforschung erst einmal Lieferantin des Tatsachenmaterials für die Geographie - und zwar die wesentliche Lieferantin, nahmen sich die Ergebnisse der Allgemeinen Geographie, zumal
sie, entsprechend der wissenschaftlichen Vorbildung der damaligen Geographen[27],
überwiegend geologischer, meteorologischer etc. Natur waren, d.h. des "geographischen" Charakters entbehrten, recht bescheiden aus gegenüber den in journalisti-
schem Stil gehaltenen Berichten über "Land und Leute". Im Gefolge der sich durch-
setzenden Auffassung, daß Wissenschaftlichkeit methodisch auszuweisen und dement-

---

24) Vgl. F.-J. SCHULTE-ALTHOFF (1971, S. 86 und 89). Der Hamburger Unternehmer
Westendarp lobt: "Unsere berühmten Barth, Rohlfs, Flegel, haben über jene Gegenden wertvollen Aufschluß erteilt, sie als besonders günstig für Handelsbe-
dingungen bezeichnet..." (Der Elfenbein-Reichtum..., 1885, S. 90)

25) F.-J. SCHULTE-ALTHOFF (1971, S. 111). Einige Geographen waren selbst als Gut-
achter für private Unternehmen und staatliche Stellen tätig, so z.B. Richthofen. "Seine ausgedehnten Reisen durch China von 1868 bis 1972 finanzierte...
zunächst die Bank of California; seit 1869 übernahm die europäisch-amerikani-
sche Handelskammer von Shanghai die Finanzierung und gab Richthofen genaue An-
weisungen für die einzuschlagenden Reiserouten durch das weithin unbekannte
China und für das Studium der geographischen und geologischen Gegebenheiten,
soweit sie für die europäische und amerikanische Exportwirtschaft interessant
sein konnten." (F.-J. SCHULTE-ALTHOFF, 1971, S. 83)
Vgl. auch Richthofens Arbeit "Die Metall-Produktion Californiens und der angrenzenden Länder", die explizit zum Ziel hat, "auf die Mittel und Wege hinzu-
deuten, welche sich hier dem fremden, insbesondere dem Deutschen Kapital bieten, und auf die Klippen aufmerksam zu machen, welche es zu vermeiden hat".
(1864, S. 49)

26) Vgl. F.-J. SCHULTE-ALTHOFF (1971). Zur Diskussion über die Frage, ob für die Arbeit in den Kolonien deutsche oder einheimische Arbeitskräfte verwendet werden
sollten, vgl. C. A. FISCHER (1885).

27) Vgl. H. BECK (1973, S. 261 f.)

44

sprechend Wissenschaft als Methode der Tatsachenfeststellung, -aufbereitung und -überprüfung zu begreifen sei, wurde die Forschungspraxis der Entdeckungsreisenden nun auch als Forschungsmethode mit der Geographie identifiziert. Die unsystematische, mit Beobachtungen von Zufälligem und Kuriosem angereicherte Beschreibung von "Land und Leuten" in "fernen Ländern" vertrug sich jedoch nur schwer mit dem Ziel methodisch strenger Induktion von Gesetzesaussagen.[28] Nur eine vulgäre Interpretation der empiristischen Methodologie konnte der Anhäufung heterogenen Tatsachenmaterials durch die Entdeckungsreisenden den Rang eines wissenschaftlichen Verfahrens zubilligen. Die Forschungspraxis der Entdecker trug der Geographie denn auch den Vorwurf der Unwissenschaftlichkeit ein.[29] Die neubegründete Geographie sah sich daher nach einer ersten euphorischen Phase der "Entschleierung" des "Antlitzes der Erde", die rückblickend auch den Geographen unter dem Gesichtspunkt strenger Wissenschaft eher als "Stillstand" erschien, da sie zwar die Popularität gefördert, "zum ernstlichen Weiterstudium jedoch nicht in dem wünschenswerthen Masse" anzureizen vermocht hatte[30], vor das Problem gestellt, ihre institutionell legitimierende und öffentliches Interesse sichernde Forschungspraxis mit dem herrschenden, wissenschaftlich legitimierenden Methodenideal zur Deckung zu bringen.[31] Dies um so mehr, als das Ende des Zeitalters der Entdeckungen sich abzuzeichnen begann und damit das Entdecken allein neuer, bisher unbekannter Orte und Regionen zunehmend an Bedeutung zu verlieren drohte, und stattdessen eine mehr und mehr systematische Beschreibung von Ressourcen auch

---

28) "Die grundsätzliche Aufgabe der Geographie als Länderkunde im Sinne praxiszugewandter Weltbeschreibung für den Menschen...begann, den neuen Idealen einer methodischen Wissenschaft nicht mehr zu genügen." (D. BARTELS, 1968, S. 122)

29) Vgl. F. RATZEL (1883, S. 29 ff.)

30) H. WAGNER (1878, S. 554); vgl. auch F. v. RICHTHOFEN (1883, S. 68): "Eine nicht enden wollende Fluth von oberflächlicher Literatur, welcher trotz ihrer Mängel das Verdienst der Popularisierung nicht abgesprochen werden darf, hat selbst das Urtheil eines grossen Theiles der Gebildeten über den wissenschaftlichen Gehalt der Geographie zu verdunkeln vermocht."

31) "Den Stillstand wissenschaftlicher Geographie, der auf die Blütezeit Ritters und Humboldts folgte, hat jenes letzte Zeitalter der Entdeckungen, das um die Mitte des 19. Jahrhunderts begann und uns rasch die noch unverhüllten Teile des Erdantlitzes entschleiert hat, eine Zeitlang sozusagen übertönt. Und als der mächtig angeschwollene neue Beobachtungsstoff zur Gestaltung drängte, da war Naturforschung gleichzeitig die Führerin der Wissenschaften geworden." (H. WAGNER, 1920, S. 23)

bereits entdeckter Regionen in den Vordergrund des Interesses rückte.[32] So
schreibt Wagner 1878, knapp zehn Jahre nach dem Erscheinen von Peschels "Neuen
Problemen":

"Wenn uns nicht alles trügt, so stehen wir wiederum am Beginn einer neuen Phase
in der Entwicklung der Geographie und das allgemeinere Interesse wendet sich wieder mehr methodischen Erörterungen zu."[33]

In der jetzt verstärkt einsetzenden methodologischen Diskussion strebte die Geographie, da sich ihre theoretischen Probleme (ihrer Einheit und Existenzberechtigung)
zugleich als doppeltes Legitimationsproblem (Legitimation als praktisch verwertba-
res Wissen liefernde Ressourcenbeschreibung einerseits, als strenge Wissenschaft
andererseits) stellten, von Anfang an eine Harmonisierung der gegensätzlichen Interessen und theoretischen Widersprüche an. Zwar wurde der Anspruch, kausale Erklärungen zu liefern, Gesetze im Sinne der Naturwissenschaften zu entdecken, nicht
aufgegeben - selbst dort nicht, wo er unter Berufung auf den Status einer beschreibenden Naturwissenschaft (zu Recht) nur als Fernziel deklariert wurde[34];
der Aufschwung der Geographie war faktisch und im Bewußtsein der Geographen jedoch in einem Maße mit der Reiseforschung verknüpft, daß sich deren Tradition
letztlich als stärker erwies als das herrschende Methodenideal.[35]

---

32) Das Ende des Entdeckungszeitalters kam um die Mitte der zweiten Hälfte des 19.
Jahrhunderts: "Aber inzwischen hatte die Erforschung Afrikas schon einen anderen Charakter angenommen....Die staatliche Aufteilung bestimmte auch die geographische Forschung; jeder Staat suchte seine Kolonien möglichst gut kennen zu
lernen..." (A. HETTNER, 1927, S. 96). Vgl. F.-J. SCHULTE-ALTHOFF (1971, S. 120).
A. PENCK (1928) spricht in diesem Zusammenhang vom Obergang von "extensiver" zu
"intensiver" Forschung (S. 54).

33) H. WAGNER (1878, S. 551)

34) "Dennoch würde ihm die Krone wissenschaftlicher Vollendung, wenn auch mit der
zuletzt genannten Richtung auf das Allgemeine nahezu errungen, noch mangeln,
jenes Erkennen, Verstehen, Nachweisen des Warum, das der menschliche Geist un-
aufhörlich anstrebt, dessen Erfassen ihn erst mit der Befriedigung des wirklichen Wissens, mit Wissenschaft beglückt. Soll der Geographie dieses Hochgefühl
versagt bleiben? ...Es ist aus subjectiven und objectiven Gründen geradezu unmöglich." (F. MARTHE, 1877, S. 439); vgl. F. v. RICHTHOFEN (1883, S. 42)

35) Das Wesen der Geographie "läßt sich nicht mehr auf logischem Wege nachweisen,
es muß die Betrachtung der faktischen, historischen Entwicklung hinzukommen".
(F. MARTHE, 1877, S. 426). Vgl. auch A. HETTNER (1927, S. 1f.)

Die Reiseforschung unterlag, wie bereits aufgezeigt, im wesentlichen drei Maximen:

1. Als Ressourcenbeschreibung erforderte sie ein Primat der Beschreibung gegenüber Ansätzen zur Erklärung oder zur Auffindung von Regelhaftigkeiten; dies erforderte zugleich aber auch eine Standardisierung der Beschreibung;

2. als Ressourcenbeschreibung erforderte sie eine Beschreibung ihrer Gegenstände unter dem Gesichtspunkt der Nutzbarkeit und Verwertbarkeit, oder im weiteren Sinne: der historischen und gesellschaftlichen Bedeutsamkeit;

3. erforderte sie aber eine Beschreibung aller ökonomisch und politisch bedeutsamen Ressourcen, also eine Beschreibung von "Land und Leuten".

Die Geographie hat sich zwar, sofern sie sich als "reine" Wissenschaft verstand, nie auf diese Maximen reduzieren lassen - hätten sie doch die Einschränkung der Arbeit auf bloße Datenerhebung impliziert[36]; auf dem Umweg über die Reflexion auf die Forschungspraxis der Entdeckungsreisenden wurden sie jedoch konstitutiv auch für die neubegründete Wissenschaft Geographie (als Primat der Beschreibung, Beschreibung anhand von Kategorien der Zweckmäßigkeit für den Menschen, Stilisierung der Länderkunde zur Physische und Historische Geographie verbindenden "Krone" der Disziplin[37], zumal die Geographie auch als "reine" Wissenschaft noch gewährleisten wollte, daß bei ihrer Forschung für den praktischen Zweck der Standortwahl verwertbare Ergebnisse abfallen sollten[38], und sich so gleichsam als Neben-

---

36) "...würde die Geographie...mit einer registrierenden, constatierenden Tätigkeit abschließen, (würde sie) nicht sowohl eine Wissenschaft im höchsten Sinne des Wortes sein, als vielmehr nur ein Wissen, nicht ein Erkennen, sondern nur ein Kennen der Dinge, wie diese örtlich, jede an seiner Stelle auf Erden, bestehen." (F. MARTHE, 1877, S. 439)

37) Zur hier nur behaupteten Übernahme dieser Maximen vgl. das in Teil 3 dieser Arbeit behandelte Beispiel der Geomorphologie. A. PHILIPPSON (1921, S. 11) hebt in diesem Zusammenhang hervor, daß die Länderbeschreibungen der Entdeckungsreisenden seit dem Zerfall des Ritterschen Erdganzen als Objekt der Geographie das "Band" zwischen den Teildisziplinen der Allgemeinen Geographie (bei ihm allerdings nur der Physischen Geographie) bilden: "Die allgemeine physische Geographie löst sich fast ganz ab und in Teilwissenschaften auf, die jede für sich große Fortschritte machen, die aber des gemeinsamen Bandes entbehren. Ein Gegengewicht zu dieser Zersplitterung bildeten die wissenschaftlichen Reisenden, welche die Gesamtnatur der Länder schilderten und eine Menge ausgezeichneter Reisebeschreibungen lieferten."

38) Vgl. F. RATZEL (1882, S. 52), F. v. RICHTHOFEN (1901, S. 45), A. HETTNER (1927, S. 155 f., 213 f., 321 ff.)

produkt ihre praktische Legitimation zu sichern suchte. Wie bereits oben zu zeigen
versucht wurde, setzt sich die Geographie mit allen drei Maximen in Widerspruch zu
dem für die Allgemeine Geographie als verbindlich erklärten Methodenideal der Naturwissenschaften.

In dieser "schwierigen Situation zwischen Weltbeschreibung und exakter Wissenschaft"
(D. Bartels) entledigte sich die Geographie des Wissenschaftlichkeit begründenden
Methodenideals mithilfe einer Äquivokation (Wissenschaft im Sinne von Methodenideal
wird gleichgesetzt mit Wissenschaft im Sinne von Disziplin). Nach ihrer Wissenschaftlichkeit (= wissenschaftliche Methode) befragt, antwortete die Geographie mit dem
Hinweis auf ihre Eigenständigkeit (= eigenständige Wissenschaftsdisziplin), die sie
aus der nur ihr eigenen Methode ableitet.[39] Zwar wurde der gegen die Reiseforschung erhobene Vorwurf des Eklektizismus akzeptiert[40], gleichzeitig aber wurde
die Form, in der dieser Eklektizismus durch die Reiseforschung betrieben worden war, die Beschreibung des an verschiedenen Orten Vorgefundenen anhand vorge-
gebener Kategorien und die Stifung eines vulgären commonsense-Zusammenhanges
zwischen den am gleichen Ort vorgefundenen Erscheinungen durch vorgegebene,
von anderen Wissenschaften entdeckte Gesetzmäßigkeiten, zur spezifisch geographischen wissenschaftlichen Methode, die diesen Eklektizismus recht-
fertigte, stilisiert.[41] Dieser Kunstgriff der methodischen Auflösung des

---

39) Vgl. A. PHILIPPSON (1921, S. 2): "...man hat ihr vorgeworfen, daß sie nur eine Sammlung von Kenntnissen aus anderen Wissenschaften sei. Aber dieser Vorwurf ist unberechtigt; denn nicht allein auf ihren Objekten beruht die Selb-
ständigkeit einer Wissenschaft, sondern auf dem eigenen Gesichtspunkt, von
dem aus sie die Gegenstände betrachtet, und auf der Methode, die sie dabei
anwendet." (Hervorh. H. B.) Vgl. auch A. PENCK (1928, S. 36)

40) F. v. RICHTHOFEN (1883, S. 34) weist darauf hin, daß in der Reiseforschung
"zum Schaden der wissenschaftlichen Geographie und ihres Rufes, ein den Dilet-
tantismus fördernder principlos eklektischer und dadurch unvollkommener Zug in
der geographischen Literatur über ferne Länder vielfach in ähnlicher Gestalt
wie früher wieder auflebte".

41) "Die Geographie kann auch viele Tatsachen von anderen Wissenschaften entnehmen,
die sich mit denselben Gegenständen unter anderen Gesichtspunkten beschäftigen."
Denn: "Ihre Einheit liegt in der Methode...so geht die Geographie von dem Gesichtspunkte der räumlichen Verschiedenheit aus, denn sie ist, wie wir gesehen haben, ihrer ganzen geschichtlichen Entwicklung nach Länderkunde oder die
Wissenschaft von den verschiedenen Räumen der Erdoberflächen." (A. HETTNER,
1895, S. 6 und 8)

Problems der Wissenschaftlichkeit (als Eigenständigkeit) und zugleich der Einheit
der Geographie, das sich durch die Orientierung an der naturwissenschaftlichen
Methode, die die Einheit des Faches zu zerstören drohte, gestellt hatte, sowie
der Einheit durch die Forschungspraxis, die die Geographie dem Vorwurf der Unwissenschaftlichkeit ausgesetzt hatte, spiegelt sich in zwei Zitaten Richthofens
und Ratzels. Richthofen transformiert mithilfe der Äquivokation den allgemeinen
Anspruch wissenschaftlicher Methodik in den einer speziellen Methode für jede besondere Wissenschaft:

> "Wo sie (die Wissenschaft, Anm. H. B.) selbst nur eine Methode ist, da ist ihre
> Individualität verloren; denn was eine Wissenschaft als eigenartig kennzeichnet,
> auch wo sie das Material ganz aus anderen Wissenschaften entnimmt, ist, dass sie
> ihre eigene Methode besitzt."[42]

Für Ratzel löst sich so der Gegensatz zwischen der Forschungspraxis der Entdeckungsreisenden und der der beschreibenden Naturwissenschaften, zwischen "geographischer"
und "wissenschaftlicher" Forschung in einen unterschiedlicher wissenschaftlicher
Methoden auf. Die Forschungspraxis der Entdeckungsreisenden ist in der Abwehr des
Vorwurfs der Unwissenschaftlichkeit zur spezifisch geographischen wissenschaftlichen Methode geworden:

> "Und als gegen die Entdeckungs-Expeditionen im Namen dieser Wissenschaften (der
> beschreibenden Naturwissenschaften, Anm. H. B.) protestiert...ward, da fehlte we-
> nig, dass man 'geographische' und 'wissenschaftliche' Polarforschung einander ent-
> gegengesetzt hätte. Ich betrachte es als ein Glück gerade auch für die Polarfor-
> schung, dass dieser angebliche Gegensatz jetzt nicht weiter festgehalten wird.
> Wenn die Entdecker sich mit dem ganzen Wissen ihrer Zeit erfüllen, wird er über-
> haupt nicht vorhanden sein, sondern löst sich in eine Frage der Methode auf."

Und Ratzel setzt beschwörend hinzu:

> "Die Geographie muß sich stets erinnern, dass ein großer Abschnitt ihrer eigenen
> Entwicklung in der Geschichte der Entdeckungen geschrieben steht."[43]

---

42) F. v. RICHTHOFEN (1877, S. 732); H. WAGNER (1878, S. 614) hält diesen Satz für
"schwer zu verstehen" und kritisiert die analoge Äquivokation von "Methode",
die er "in ein und demselben Satz für unstatthaft" hält. Freilich entgeht auch
Wagner die Funktion dieser Äquivokation.

43) F. RATZEL (1885, S. 9)

Die Geographie hatte jetzt, wenn auch nicht einen eigenen Gegenstandsbereich, so
doch eine eigene wissenschaftliche Methode oder, wie Marthe, aus der Not eine Tu-
gend machend und aus dem Fehlen des ersten auf das Vorhandensein des zweiten
"schließend", formuliert:

"Das Ganze des Planeten wie seine Theile sind nach den verschiedenen Neigungen
menschlicher Wissbegier vergeben, die Erdkunde ging, wie der Poet bei der Verthei-
lung der Welten, leer aus....Der Schluss liegt nahe, dass nicht irgend eine erd-
liche Dingart als solche, sondern die Behandlungsweise, sei es einer einzigen,
sei es aller insgesamt, ihr eigenthümliches Wesen als einer von andern unterschiedenen Wissenschaften ausmacht."[44]

Die "methodische Frage nach der örtlichen Verteilung aller Erscheinungen"[45] macht
es der Geographie zur Aufgabe, die Erscheinungen "über die Erdoberfläche hin zu
verfolgen und ihr gesetzmäßiges Auftreten festzustellen".[46] Sie "betrachtet das
Wie dieser Erscheinungen in seiner Beziehung zu dem Wo auf der Erdoberfläche".[47]
"Wo. Dies ist die Parole, die Grundfrage der Geographie, aus der alles, was sie
treibt, lehrt und lernt, erst Sinn, Richtung und Bedeutung empfängt."[48]

Die Geographie betrachtet daher "nicht die Objekte an sich, sondern ihre räumliche Verbreitung und Bindung und ihr Zusammenvorkommen und Zusammenwirken in den
einzelnen Erdräumen".[49]

Damit aber war die Geographie auf dem Umweg über die Definition ihrer spezifischen
Methode zur Teleologie zurückgekehrt. Zwar wurde die Annahme einer zwecksetzenden
und die Vernunft der Zwecke begründenden göttlichen Instanz in den Bereich des
Glaubens verwiesen, und an die Stelle Gottes traten "Primäre" Ursachen, die in
der Natur selbst zu suchen waren[50]; der so verbleibende Rest des Ritterschen Pro-

---

44) F. MARTHE (1877, S. 426)

45) H. WAGNER (1920, S. 25)

46) S. PASSARGE (1912a, S. 7)

47) F. v. RICHTHOFEN (1883, S. 12)

48) F. MARTHE (1877, S. 426)

49) A. PHILIPPSON (1921, S. 15)

50) F. v. RICHTHOFEN (1883, S. 17f.) nennt als solche die "Erwärmung der Erdober-
    fläche durch die Sonne", die "Attraction durch die Himmelkörper" sowie eine
    nicht näher bezeichnete "Reihe astrophysischer, theils ausserhalb, theils in-
    nerhalb des Erdkörpers gelegener Factoren".

gramms schien sich jedoch empirisch über die Analyse der Verbreitung, der gemeinsamen räumlichen Variation verschiedenartiger Einzelerscheinungen ("ihr Zusammenvorkommen und Zusammenwirken in den einzelnen Erdräumen" (Philippson), "die räumlich verschiedene Aeusserungsart der Wechselbeziehungen" (Richthofen) einlösen zu lassen:

"Es wird sich dann ergeben, inwieweit die Erde, das heisst die von Ort zu Ort wechselnde Summe aller die Beschaffenheit der Erdoberfläche bedingenden Factoren, in der Tat das Erziehungshaus des Menschengeschlechts gewesen ist"[51]

und sich bestätigen,

"daß gewisse Stellen der Erde in Folge ihrer natürlichen Bedingungen zur Entwicklung der Keime höheren geistigen Lebens am geeignetsten waren".[52]

Die Teleologie war unter Verzicht auf die bei Ritter noch gezogenen theologischen Konsequenzen sowie auf ihren Namen erneut in den Stand einer Wissenschaft erhoben worden.[53]

Hettner beschreibt 1898 diese Entwicklung der Geographie, die ihren Ausgangspunkt in der durch das herrschende Methodenideal veranlaßten Kritik an Ritters Teleologie hat und unter dem Eindruck der äußeren Erfolge der Reiseforschung schließlich in eine methodologische Rehabilitierung der Teleologie ausmündet, folgendermaßen:

"Peschel's Neue Probleme der vergleichenden Erdkunde...waren Ausfluß und Ausdruck der Stimmung ihrer Zeit. ...das geistvolle Buch Peschel's hat darum die größte Wirkung ausgeübt und eine neue Periode der geographischen Wissenschaft begründet. ...die Naturwissenschaft hielt ihren Einzug in die Geographie... Es kam eine Zeit freudigen wissenschaftlichen Aufstrebens und auch eine Zeit äußerer Erfolge. ... Aber es läßt sich nicht in Abrede stellen, daß diese Bestrebungen einer Neugestaltung der Geographie über das Ziel hinausschossen...nicht von der thatsächlichen Entwicklung der Wissenschaft, sondern von begrifflichen Erwägungen ausgehende me-

---

51) F. v. RICHTHOFEN (1883, S. 64 f.)

52) F. v. RICHTHOFEN (1883, S. 64)

53) H. WAGNER (1878, S. 585) befürwortet eine "scharfe und nothwendige Gliederung derjenigen Aufgaben, über welche wir...gar nicht hinaus wollen sollen, ... ohne damit das Endziel der Erdkunde woanders zu suchen, als es Ritter gethan, ja ohne auch nur im geringsten den Ausdruck seines tief religiösen Gemüthes, dass für ihn die Anschauung Gottes die höchste, die einzig absolute Wissenschaft sei, anzufechten". (vgl. auch F. v. RICHTHOFEN, 1883, S. 72)

thodische Ansichten führten die Geographie auf Gebiete, die längst von anderen Wissenschaften in Anspruch genommen und bearbeitet wurden...aber sie wendet sich immer mehr von den Aufgaben, welche sich auf...die allgemeinen Gesetze der verschiedenen Naturkreise beziehen, ab und der Betrachtung der örtlichen Verschiedenheiten, der geographischen Verbreitung und Verteilung zu; ... Man kann die neueste Entwicklung der Geographie in gewisser Hinsicht als eine Rückkehr zu Ritter bezeichnen.... Er hatte diese Aufgabe nur unvollkommen zu lösen vermocht ...; die moderne Geographie hat sie von neuem in ihrem ganzen Umfange aufgenommen und bearbeitet sie mit dem vollkommeneren Rüstzeug der Gegenwart."[54]

Die im Verlauf dieser Entwicklung entstandenen Disziplinen der Allgemeinen Physischen Geographie bestanden freilich fort, wenn auch unter dem jetzt doppelten Anspruch, einerseits beschreibende Naturwissenschaft mit dem Ziel der Entdeckung allgemeingültiger Gesetze, andererseits Geographie zu sein. Die Entwicklung der Geomorphologie als einer dieser Disziplinen läßt sich nur unter Berücksichtigung dieses doppelten Anspruchs begreifen.[55]

3. EXPERIMENT ODER REGIONALISIERENDE KLASSIFIKATION?
DIE ENTWICKLUNG DER DEUTSCHEN GEOMORPHOLOGIE

> "Der Rahmen, in dem sich das Denken eines Menschen bewegt, wird nicht so sehr in den Resultaten sichtbar, zu denen er kommt, als vielmehr in den Fragen, die er stellt, und in den Annahmen, die seinem Theoretisieren zugrunde liegen."[1]

Der Geomorphologie kommt in zweifacher Hinsicht ein Sonderstatus unter den Disziplinen der Allgemeinen Geographie zu. Einerseits ist sie die einzige dieser Dis-

---

54) A. HETTNER (1898, S. 313 ff.)

55) "An ihr (der Geomorphologie, Anm. H. B.) hat die Geographie ihre Methoden als beobachtende und, wie Richthofen sich ausgedrückt hat, als chorologische Wissenschaft durchexerziert." (H. SCHMITTHENNER, 1957, S. 7)

1) S. TOULMIN (1968, S. 114)

ziplinen, die nach Ablösung von der Geologie - einen nur ihr eigenen Gegenstandsbereich für sich reklamieren konnte, die daher weniger als beispielsweise die Ve-
getations- und Tiergeographie gezwungen war, ihre Existenzberechtigung gegenüber
einer konkurrierenden beschreibenden Naturwissenschaft unter Hinweis auf ihre
Funktion im Rahmen der Geographie verteidigen zu müssen. Andererseits aber galt
(und gilt z.T. noch heute) gerade die Geomorphologie im Anschluß an die Ritter-
sche Tradition als die Grundlage für alle anderen Teildisziplinen der Geographie,
der daher im Rahmen der geographischen Theorie eine zentrale Bedeutung zukomme.
In diesem Sonderstatus sind die Bedingungen angelegt für einen in der Entwicklung
der Geomorphologie zutagetretenden eigentümlichen Widerspruch. Einmal verlor die
Geomorphologie im Verlauf ihrer Entwicklung immer mehr den Zusammenhang zur in-
haltlichen Fragestellung der das Mensch-Natur-Verhältnis behandelnden Geographie,
indem zunehmend für diese Fragestellung irrelevante Detailprobleme zum Gegenstand
ihrer Forschung wurden.[2] Gleichzeitig aber wurde das Programm der Geomorphologie
in immer stärkerem Maße an den methodologischen Postulaten der Gesamt-Geographie
ausgerichtet, die Geomorphologie gab sukzessive den Anspruch auf, eine den anderen beschreibenden Naturwissenschaften vergleichbare Wissenschaft zu sein.

Die folgende Darstellung der Geschichte der Geomorphologie versucht, diese Entwicklung im einzelnen nachzuzeichnen. Die dabei vorgenommene Periodisierung erfolgt in
Obereinstimmung mit dem herrschenden Selbstverständnis der Geomorphologie. Es lassen sich danach drei aufeinanderfolgende unterschiedliche Konzeptionen unterscheiden:

1. Die später so genannte "Kräftelehre"[3] als der Versuch, unter Rückgriff auf Kategorien der Physik (insbesondere der Mechanik) zu einer Systematik der Oberflächenformen zu gelangen, die sich aus den allgemeinen Gesetzen der das Relief umgestaltenden Vorgänge herleitet.

---

2) Für H. UHLIG (1970, S. 30) sind dies "manche spezielleren Probleme der Morphogenese, die nicht landschafts- oder länderkundlich relevant sind", die daher
   "für eine auf die geographische Integration gerichtete Forschung und Lehre ohne Belang bleiben".

3) Vgl. J. HÖVERMANN (1965, S. 12)

2. Das Davis'sche Zyklus-Modell, das aufgrund der Inkonsequenzen in den von der Kräftelehre entworfenen Klassifikationsschemata unter den deutschen Geomorphologen innerhalb weniger Jahre eine Vielzahl begeisterter Anhänger fand, gegen das aber bereits kurz nach seiner Rezeption eine heftige Polemik geführt wurde.

3. Der aus der Polemik Hettners und vor allem Passarges gegen Davis sich herauskristallisierende Ansatz der klimatischen Morphologie als Versuch, die räumliche Variation der Oberflächengestalt der Erde auf unterschiedliche, die umgestaltenden Vorgänge beeinflussende klimatische Bedingungen zurückzuführen.

3.1 DIE "KRÄFTELEHRE" - DAS GESCHEITERTE KONZEPT EINER KLASSIFIKATION DER OBERFLÄCHENFORMEN AUF PHYSIKALISCHER GRUNDLAGE

Die Geomorphologie mußte wie jede beschreibende Naturwissenschaft ihren Gegenstandsbereich erst einmal klassifikatorisch zu ordnen suchen. Sie hatte auszugehen von einem Material, das ihr, wenn auch bereits durch morphometrische Kategorien der Morphographie der äußeren Gestalt nach beschreibbar gemacht, in Form von umgangssprachlich begriffenen konkreten Gegenständen vorgegeben war.[1] Richthofen macht deutlich, daß die umgangssprachliche Begriffsbildung ihren Ursprung in der je spezifischen Lebenspraxis der Bewohner verschiedener Erdgegenden hat.[2] Da die

---

1) "Die üblichen Bezeichnungen der Oberflächenformen haben verschiedenen Ursprung. Eine Anzahl von ihnen stammt aus der Sprache des täglichen Lebens. Manche Oberflächenformen spielen im Leben eine so große Rolle und heben sich do deutlich ab, daß die Sprache schon früh besondere Ausdrücke dafür geschaffen hat; man denke etwa an Berg und Gebirge, Gipfel, Tal, Hang, Ufer, Strand, Klippe, Düne und manche andere." (A. HETTNER, 1911a, S. 138 f.) Vgl. auch A. PHILIPPSON (1896, S. 515) sowie J. BÜDEL (1970, S. 21)

2) Gebirgsbewohner verfügen über einen reicheren Schatz von Ausdrücken, die aber dem Bewohner des Flachlandes nicht verständlich sind..." (F. v. RICHTHOFEN, 1901, S. 624)

Geomorphologie mit dem Anspruch einer schließlichen Erklärung der Entstehung von
Oberflächenformen auftrat, mußte sie demgegenüber ein System der Beschreibung
entwickeln, das es erlaubte, solche Formmerkmale zur Charakterisierung der Oberflächengestalt heranzuziehen, die sich auf Bedingungen ihrer Entstehung zurückführen zu lassen versprachen. Unter Hinweis auf den gelungenen Klassifikations-
versuch Darwins und die Methode der vergleichenden Anatomie entwarf auch die Geomorphologie ein Programm der Klassifikation ihrer Gegenstände auf der Grundlage
einer "genetischen" Erklärung ihrer Entstehung.[3]

Die Orientierung am Beispiel der biologischen Evolutionstheorie schien nahezulie-
gen. Einmal galten (und gelten noch heute) die Klassifikationssysteme der Biologie als Modell klassifikatorischer Begriffsbildung aufgrund qualitativer Merkmale.
Außerdem war die Geomorphologie durch ihren Gegenstand genötigt, ebenso wie die
vergleichende Anatomie nach Gestaltmerkmalen zu klassifizieren. Schließlich aber
hatte die historisch aus der Geologie hervorgegangene Geomorphologie als vorerst
notgedrungen nur klassifizierende Naturwissenschaft mit dem Ziel, Kausalzusammen-
hänge aufzufinden, eine analoge Annahme zur Voraussetzung wie die dem Darwinschen
Klassifikationssystem zugrundeliegende Abstammungslehre: die der "Entwicklung".
Diese Annahme hatte sich wissenschaftshistorisch in der Biologie und Geologie
infolge ihrer Überschneidung in dem unter diesem Gesichtspunkt wesentlichen Grenz-
bereich der Paläontologie etwa gleichzeitig durchgesetzt.[4] Philippson betont daher zu Recht die Bedeutung der Evolutionstheorie für die Entwicklung der modernen
Geologie.[5] Der Geologie wie auch der später dann von ihr abgespalteten Geomorphologie war es nur auf der Basis der Annahme einer nach derzeit noch gültigen Ge-

---

3) F. v. RICHTHOFEN (1903, S. 686) spricht von einer "Periode, in welcher durch
   Darwin's machtvolle Anregung, und getragen durch die allgemeine Tendenz der
   Zeit, die genetische Betrachtungsweise in allen Bereichen des Naturwissens wie
   der Geschichte ihren siegreichen Einzug hielt. Die Physische Geographie folgte
   dieser Richtung".

4) Vgl. dazu J. D. BERNAL (1970, S. 591 ff.), der die Übernahme der Entwicklungs-
   hypothese in der Biologie zuerst durch Lamarck und dann endgültig durch Darwin,
   in der Geologie durch Hutton und schließlich Lyell in ihrer wechselseitigen
   Bedingtheit beschreibt.

5) "In der Geologie war durch Charles Lyell und durch den Einfluß Charles Darwins
   die Katastrophenlehre durch das Gesetz allmählicher Entwicklung ersetzt worden."
   (A. PHILIPPSON, 1919, S. 6)

setzen ablaufenden Entwicklung der Oberflächengestalt der Erde möglich, die vorgefundenen Oberflächenformen anhand empirisch auffindbarer Regelhaftigkeiten kausal
zu interpretieren.[6]

Trotz der analogen Voraussetzung einer allmählichen Entwicklung (hier der Oberflächenformen, dort der Tierarten) hatte doch das der Geomorphologie Peschels,
Richthofens oder Albrecht Pencks zugrundeliegende Erklärungsmodell mit der Evolutionstheorie und der vergleichenden Anatomie wenig gemein. Für Darwin bedeutete
Entwicklung die stammesgeschichtliche Entwicklung von niederen zu höher organisierten Lebewesen, die er zurückführte auf die größere Lebensfähigkeit (im "Kampf
ums Dasein") der durch Mutation entstandenen höher organisierten Lebenwesen einerseits, die Vererbbarkeit dieser Anpassungen andererseits. Die Übernahme dieses
Modells durch die Geomorphologie hätte bedeutet, "im örtlichen Nebeneinander...
die Wirkungen eines historischen Nacheinander" zu sehen[7], d.h. die an verschiedenen Orten auftretenden Formen verschiedenen Stadien eines gesetzmäßig ablaufenden Formentwicklungsprozesses zuzuordnen. Wenn auch bei Richthofen bereits an einer Stelle seines "Führer für Forschungsreisende" ein derartiges Phasen-Modell in
Form eines "Kreislaufes" vorgestellt wird[8], so legt die Geomorphologie vor Davis
ihren Klassifikationsversuchen doch ein gänzlich anderes Schema zugrunde. Es ist
daher irreführend, wenn Peschel, seine eigene Methode interpretierend, behauptet:

"man sucht die Aehnlichkeiten der Gestalten auf, um ihre Übergänge und mit den
Übergängen ihre Abstammung nachzuweisen",[9]

 oder Supan gar die "Umwandlung des morphologischen Charakters" als "Mutation" bezeichnet.[10] Zwar betrachtete auch die damalige Geomorphologie die Oberflächenfor-

---

6) A. PENCK (1928a, S. 36) betont den Zusammenhang zwischen der Aufgabe der Katastrophenlehre durch die Geologie und der Möglichkeit, "diese auf die richtige
Grundlage einer Erfahrungswissenschaft, die zur Interpretierung ihrer Beobachtungen nicht unbekanntes (wie vergangene Katastrophen, Anm. H. B.), sondern in
vergleichender Weise bekanntes heranzieht", zu stellen.

7) A. PENCK (1928a, S. 37)

8) F. v. RICHTHOFEN (1901, S. 673 f.)

9) O. PESCHEL (1877, S. 399), Hervorh. H. B.

10) A. SUPAN (1916, S. 636)

men als das Ergebnis einer allmählichen Entwicklung[11], bei der die jeweilige Oberflächengestalt der Erde als Ausdruck eines Gleichgewichts zwischen den gegensätzlichen Tendenzen der fortdauernden Herstellung von Höhenunterschieden durch tektonische Deformationen der Erdkruste einerseits, der Nivellierung dieser Höhenunterschiede durch entweder unmittelbar oder mittelbar (veranlaßt durch die Bewegungen von Transportmitteln) der Schwerkraft folgende Materialbewegungen andererseits begriffen wurde[12]; doch richtete sich das Interesse der Geomorphologie nicht auf eine Systematik der Formen nach einer als gesetzmäßig angenommenen entwicklungsgeschichtlichen Variation ihrer Gestaltmerkmale, sondern auf eine Systematik von Gestaltmerkmalen nach den ihrer Entstehung zugrundeliegenden Bedingungen - unter der Annahme, daß gleiche Ursachen gleiche Wirkungen (hier: Gestaltmerkmale) hervorbringen.[13] Philippson spricht demgemäß von einer "genetischen" als einer "auf Ursache und Wirkung begründeten Gruppierung der Formen"[14]. "Abstammung" bedeutet dann aber nicht das Hervorgehen einer Form durch Variation bestimmter Gestaltmerkmale aus einer anderen, sondern (sofern dieser Terminus dann überhaupt noch einen Sinn hat) das Hervorgehen bestimmter Gestaltmerkmale aus sie

---

11) Vgl. A. PENCK (1894, S. 201); A. HETTNER (1911a, S. 143)

12) "Die endogenen Erscheinungen (=tektonische Deformationen, Anm. H. B.) ...wirken...aufbauend und halten damit jenen Agentien das Gleichgewicht, die von außen auf die Oberfläche wirkend, die Erhöhungen abzutragen, die Unebenheiten auszugleichen, mit einem Wort: eine Verflachung herzustellen trachten." (A. SUPAN, 1916, S. 472); vgl. auch F. v. RICHTHOFEN (1901, S. 87), F. MACHATSCHEK (1919, S. 10)

13) Der Unterschied wird in folgendem deutlich: während sich in der Zoologie jedes reale Exemplar eindeutig einer und nur einer Klasse zuordnen läßt, lassen sich nach Auffassung der damaligen Geomorphologie die realen "Formindividuen", da an ihrer Entstehung verschiedene Vorgänge, Kräfte, Bedingungen usw. beteiligt sind, nach den je betrachteten Gestaltmerkmalen verschiedenen "genetischen Typen zuordnen. So ist z.B. für Philippson ein genetischer Typus "das Bild der Form, die entsteht, wenn nur jene Kraft unter jenen Bedingungen tätig war.... Solche genetischen Typen sind ideale Konstruktionen.... Die wirklichen Formen werden diese Typen nur selten rein darstellen, da eben nur selten ein einziger Vorgang bei ihrer Bildung tätig war. Sie vereinigen zumeist Eigenschaften verschiedener Typen in sich". (1896, S. 514)

14) A. PHILIPPSON (1896, S. 513)

verursachenden Einwirkungen mechanischer Kräfte unter bestimmten Ausgangs- und Randbedingungen.[15]

Der Geomorphologie stellte sich damit das Problem, von der konkreten Gestalt eines gegebenen Reliefausschnittes abstrahierend diejenigen Formmerkmale auszusondern, die sich unter der Annahme eines gesetzmäßig ablaufenden Formungsmechanismus bestimmten, aus einem Komplex von Bedingungen zu isolierenden, Bedingungen korrelieren ließen:

"Fast keine Form der Erdoberfläche ist das Werk einer einzigen Kraft oder eines einzigen Vorganges, sondern fast alle sind das Ergebnis des Ineinandergreifens oder der Aufeinanderfolge einer Vielheit von Kräften und Vorgängen. Die unzähligen möglichen und wirklich vorkommenden Kombinationen von Bedingungen erzeugen eben die ungeheure Mannigfaltigkeit der Formen, sodaß es nirgends an zwei Punkten zu der Wiederholung der vollkommen gleichen Erscheinung kommt....Will man daher die Ursachen der verwickelten Formen und die Gründe ihrer Variationen erkennen, so muß man durch Beobachtung der Natur den Zusammenhang von bestimmten Eigenschaften mit bestimmten Kräften und Bedingungen erschließen."[16]

Das Verfahren, dessen sich die Geomorphologie hierbei bediente, war die "vergleichende Methode". An verschiedenen Orten wiederkehrende Formen mit ähnlichen Gestaltmerkmalen wurden verglichen, um einerseits die ihre Ähnlichkeit ausmachenden charakteristischen Merkmale zu präzisieren, andererseits die am jeweiligen Ort ihres Vorkommens vorliegenden gleichen "Bedingungen" zu ermitteln.[17] Philippson beschreibt dieses von Peschel für den Formtypus "Fjord" demonstrierte Verfahren am Beispiel von unter dem Einfluß der Brandung entstandenen Küsten folgendermaßen:

---

15) F. MARTHE (1877, S. 441) hebt daher zu Recht hervor: "Was das 'Vergleichend' anbetrifft, so halten wir die von Peschel angezogene Analogie mit der vergleichenden Anatomie und Sprachwissenschaft nicht zutreffend; sein vergleichendes Verfahren ist das der inductiven Methode überhaupt, Sammlung von Tatsachen auf dem gleichen Artgebiete, um das gemeinsam Ähnliche und damit das erzeugende Gesetz derselben aufzufinden. Wie dagegen von einer Art oder Klasse von Erdformen Übergänge zu einer andern stattfinden, sehen wir nicht nachgewiesen." Vgl. auch A. PENCK (1894, S. 132)

16) A. PHILIPPSON (1896, S. 513)

17) "Das Verfahren zur Lösung dieser Aufgaben besteht aber nur im Aufsuchen der Ähnlichkeiten in der Natur, ...überblicken wir dann eine größere Reihe solcher Ähnlichkeiten, so gibt ihre örtliche Verbreitung meist Aufschluß über die nothwendigen Bedingungen ihres Auftretens." (O. PESCHEL, 1876, S. 5); ganz ähnlich beschreibt O. JESSEN (1930, S. 25) dieses Verfahren: "Wir suchen in der großen Fülle, welche die Natur uns bietet, nach Fällen, wo sich unter ähnlichen Bedingungen der Lage, des Raumes und anderer geographischer Umstände ähnliche oder abweichende Formen gebildet haben, und kommen damit der Erkenntnis der Kräfte ein Stück näher. Die so erlangte Erfahrung wird an immer weiteren Fällen erprobt, geprüft, berichtigt und schließlich deduktiv auf den Spezialfall angewendet."

"Wir sehen an vielen Küsten, welche heftigem Wellenschlag ausgesetzt sind, eine
steile Klippenwand und am Fuß derselben im Niveau der Brandung eine seewärts geneigte, im Fels ausgearbeitete Strandfläche; wir sehen zugleich diese Küsten
häufig in bogenförmige Buchten gegliedert. Daraus schließen wir, daß diese Formen
durch die Brandung ausgearbeitet sind."[18]

Mit Hilfe dieses Verfahrens gelang es der Geomorphologie, eine Vielzahl charakte-
ristischer Formtypen auf die mechanische Einwirkung verschiedener "Agentien"[19]
zurückzuführen: aus der an verschiedenen Orten beobachteten Koinzidenz z.b. von
Moränen oder Karen mit dem Agens "fließendes Eis" ließ sich "schließen", daß Moränen wie auch Kare durch dieses Agens "ausgearbeitet sind". Ebenso ließen sich
z.B. Schwemmfächer, Kerbtäler oder Flußterrassen dem Agens "fließendes Wasser",
Dünen dem Agens "Wind" zuordnen.[20] Wo, wie bei "Vorzeitformen", die ihre Entstehung nicht der Wirkung gegenwärtig, sondern anderen, in früheren erdgeschichtlichen Perioden herrschender Agentien verdanken, eine unmittelbare Zuordnung aufgrund räumlicher Koinzidenz von Agentien und Formen nicht möglich war, wurde auf
Indikatoren zurückgegriffen, die den Einfluß bestimmter Agentien "bezeugen" (so
vor allem die Materialeigenschaften und Lagerungsverhältnisse von Akkumulationen).[21]

---

18) A. PHILIPPSON (1896, S. 513 f.)

19) Eine Klärung, was genau als "Agens" zu begreifen sei, konnte in der Geomorphologie bisher nicht herbeigeführt werden. Bezeichnen sie einerseits die "Transportmittel" Eis, Wasser und Luft, (H. Louis, 1968, S. 3) so gelten doch andererseits auch "Kräfte" als Agentien: A. SUPAN (1916, S. 475) gibt folgende
Aufstellung der Agentien: "Schwerkraft", "Fließendes Wasser", "Stürzendes,
sprudelndes Wasser", "Spülendes Wasser", "Brandendes Wasser", "Fliessendes Eis"
und "Wind". A. PHILIPPSON (1924, S. 2) wiederum setzt Agentin mit "Vorgängen"
gleich.

20) Charakteristisch für dieses Stadium der Geomorphologie ist beispielsweise die
Frage, ob "Trogtäler" durch glaziale Erosion ausgearbeitet sind oder nur durch
Gletscher konservierte oder allenfalls überarbeitete, ursprünglich aber flu-
vial oder taktonisch angelegte Täler darstellen. Vgl. F. v. RICHTHOFEN (1901,
S. 635), A. PENCK (1894, S. 409 f.) sowie die Zusammenfassung dieser Diskus-
sion bei A. SUPAN (1916, S. 564 - 579).

21) Das später von Passarge und der klimatischen Morphologie vieldiskutierte Problem der "Vorzeitformen" war in diesem Stadium der Geomorphologie bereits in
gleicher Weise geläufig wie die Annahme einer klimatisch bedingten Höhenabstufung der Relieftypen. Vgl. zur Problematik der Vorzeitformen A. PENCK (1891,
S. 37), F. v. RICHTHOFEN (1901, S. 192 ff.) sowie a. PENCK (1913) - zur klimatisch bedingten Höhenabstufung A. PENCK (1913).

Daneben war es aber auch möglich, aus der jeweiligen Struktur der Lagerungsverhältnisse des aufbauenden Gesteins schließend, "Schollengebirge", "Flexurgebirge"
oder "Horstgebirge" verschiedenen Arten von Krustenbewegungen zuzuordnen.[22]

Die vergleichende Methode allein war jedoch, da sie von der konkreten, unter dem
Einfluß eines Komplexes von miteinander in Wechselwirkung stehenden Kräften und
Bedingungen entstandenen Oberflächengestalt ausging, insofern von nur begrenztem
Wert, als der Vergleich selbst allenfalls eine intuitive Handhabe bot, von der
konkreten Gestalt der Erdoberfläche auf der einen, dem Komplex von Wechselwir-
kungen auf der anderen Seite zu abstrahieren:

"Nur bei wenigen Erscheinungen ist die Übereinstimmung der Verbreitung mit einer
anderen so auffallend, daß wir sofort durch vergleichende Untersuchung die Tatsache des ursächlichen Zusammenhanges feststellen und uns erst nachträglich auf die
Art der Ursächlichkeit besinnen, für deren Auffassung vielleicht noch die Kenntnisse fehlen. ... Ohne vorangegangene Interpretation kann die vergleichende Untersuchung leicht auf Abwege geraten und wird die scheinbaren Ausnahmen nicht erklären können, die bei der Verwickeltheit der geographischen Erscheinungen fast
nie fehlen."[23]

Allein schon die Tatsache, daß im Einflußbereich des brandenden Wassers Küstenfor-
men auftreten, auf die die von Philippson angeführten Gestaltmerkmale nicht zutref-
fen, macht deutlich, daß die Brandung zwar möglicherweise eine notwendige, ganz sicher aber keine hinreichende Bedingung für die Entstehung des beschriebenen Küstentyps
ist. Umgekehrt trat aber auch das Problem auf, daß in einer Reihe von Fällen sich den
definierten Gestaltmerkmalen nach gleiche Formtypen verschiedenen Agenten zuordnen ließen.[24] Eine Vielzahl von Formtypen ließ sich daher zwar hypothetisch "je

---

22) Vgl. F. v. RICHTHOFEN (1901, S. 640 ff.); H. WAGNER (1922, S. 386 und 401 ff.);
A. PHILIPPSON (1896, S. 520) bezeichnet in diesem Zusammenhang auch die Tektonik als "Agens".

23) A. HETTNER (1927, S. 193). O. JESSEN (1930, S. 25) vertraut zwar mehr als
Hettner auf die Kraft der Intuition: "Gewöhnlich...legt der Vergleich schon
irgendeine Erklärung nahe, wenn diese auch vielleicht zunächst nur als vage
Hypothese gelten kann"; jedoch schränkt auch er ein: "Der auf Beobachtung sich
stützende Vergleich bietet alsdann keineswegs immer ohne weiteres die Möglichkeit der Erklärung."

24) Auf dieses Problem weist A. HETTNER (1911a, S. 139) hin, wenn er schreibt:
"In der Tat muß zugegeben werden, daß verschiedene Bildungsursachen sehr
ähnliche Formen erzeugen können; ob aber wirklich gleiche Formen, ist zwei-
felhaft. Wahrscheinlich ist man zu dieser Meinung oft nur dadurch gekommen,
daß man die Bildungsursachen nicht richtig erkannt, unwesentliche Punkte zu
sehr in den Vordergrund geschoben, wesentliche vernachlässigt hat."

nach dem vorherrschenden Agens ihrer Entstehung"[25] rubrizieren; der Schluß auf
die Ursachen ihrer Entstehung blieb jedoch solange unsicher, wie sich ihre Gestaltmerkmale nicht aus dem Prozeß ihrer Entstehung erklären ließen. Philippson
ist sich dessen ganz offensichtlich bewußt, denn er fügt seiner Erläuterung der
vergleichenden Methode den Nachsatz an:

"Wir müssen dann aus dem Wesen des Brandungsvorganges ableiten, wieso und unter
welchen Bedingungen er diese Formen hervorbringen kann."[26]

Die "vergleichende Methode" setzte also, wollte sich die Geomorphologie nicht
darauf beschränken, nach mehr oder weniger zufällig gewählten Gestaltmerkmalen
beschriebene Formtypen nur nach einem an ihrer Entstehung vermutlich beteiligten
Agens zu benennen, und wollte sie sich nicht (wo sich diese Vermutung als falsch
herausstellte) mit der Behauptung abfinden, "daß Gebilde gleicher Form (homo-
plastische Gebilde nach Penck) nicht zugleich auch gleicher Entstehung (homogene-
tisch) zu sein brauchten"[27], immer auch Hypothesen voraus, die einen vorerst
zumindest plausiblen Zusammenhang zwischen Gestaltmerkmalen und den Bedingungen
ihres Auftretens herzustellen erlaubten, d.h. zugleich aber auch Aussagen über
den Bildungsprozeß von Formen mit dem Anspruch auf Allgemeingültigkeit, welche
die für die Entstehung bestimmter Gestaltmerkmale relevanten Ausgangs- und Randbedingungen oder umgekehrt die unter bestimmten Ausgangs- und Randbedingungen
entstehenden wesentlichen Gestaltmerkmale hypothetisch einzugrenzen erlaubten.
Philippson postulierte daher zu Recht:

---

25) A. PHILIPPSON (1896, S. 514)

26) A. PHILIPPSON (1896, S. 514), Hervorh. H. B.; A. HETTNER (1919, S. 341) argumentiert entsprechend: "Damit uns eine Erkenntnis über den ursächlichen Zusammenhang von Dingen der Erfahrung als sicher erscheint, müssen zwei Bedingungen erfüllt sein. Wir müssen sehen, daß die zu untersuchende Erscheinung
mit der vorausgesetzten Ursache immer zusammenfällt, und wir müssen begreifen können, wie diese Ursache die als die Wirkung aufgefaßte Erscheinung be-
wirken kann. Schon im gewöhnlichen Leben geben wir uns nicht zufrieden, ehe
nicht diese beiden Bedingungen der Erkenntnis erfüllt sind, ehe wir nicht nur
das 'daß' des Zusammenhanges, sondern auch das 'wie' begriffen haben."

27) A. HETTNER (1911a, S. 139)

"Die grundlegende Arbeit der Morphologie ist die Erkenntnis der auf der Erdoberfläche wirksamen Kräfte, ihrer Gesetze, ihrer Betätigungsweise und ihrer Bedeutung für die Oberflächenformen, also eine Art qualitative und quantitative Analyse der gestaltenden Vorgänge."[28]

Indem die Geomorphologie die Analyse der gesetzmäßigen Entstehung von Oberflächenformen zu ihrer grundlegenden Aufgabe erklärte, verengte sich zugleich der Bereich der für sie relevanten Formen. Zwar wurde die reale Oberflächengestalt der
Erde treffend auf das Gegeneinanderwirken zweier verschiedener Gruppen von Vorgängen, der endogenen und exogenen, zurückgeführt, und jedem der Vorgänge beider
Gruppen ließen sich charakteristische Formentypen zuordnen. Die tektonischen De-
formationsvorgänge der Erdkruste und ihre Ursachen fielen jedoch in den Gegenstandsbereich der Geologie. Die Geomorphologie hatte sich auf die Analyse der die
tektonischen "Großformen" umgestaltenden Vorgänge und deren Gesetzmäßigkeiten zu
beschränken.[29] Die tektonisch angelegten Großformen selbst konnten daher innerhalb eines Erklärungsmodells der Geomorphologie ebenso wie während des morphologischen Formbildungsprozesses stattfindende Krustenbewegungen nur noch den Stellenwert von Ausgangs- und Randbedingungen haben.[30] Dementsprechend konnten als

---

28) A. PHILIPPSON (1896, S. 513); für F. v. RICHTHOFEN (1903, S. 683) hat die Geomorphologie "durch Erforschung der chemischen und mechanischen Arbeit, welche
   durch von aussen wirkende Kräfte fortdauernd ausgeübt wird, den Gang der Her-
   ausbildung ihrer gegenwärtigen Gestalt (der Erdoberfläche, Anm. H. B.) zu ergründen". Vgl. auch F. v. RICHTHOFEN (1883, S. 16). Gemessen an diesem Programm, nicht aber an der Forschungspraxis, ist es korrekt, wenn H. MORTENSEN
   (1943/44, S. 43) behauptet: "Für Richthofen und seine Zeit standen die Kräfte
   und weniger die durch sie geschaffenen Formen im Mittelpunkt des Interesses.

29) Nach F. von RICHTHOFEN (1901, S. 6 f.) ist die "reine Gestalt" der Erdoberfläche "nach den Gesichtspunkten der stofflichen Zusammensetzung, der fortdauernden Umgestaltung der primären Entstehung" zu untersuchen. "Physische Geographie und Geologie teilen sich in diese Aufgaben. Im allgemeinen fallen der
   letzteren diejenigen Beobachtungen zu, welche sich auf die innere Zusammensetzung aus verschiedenen Gesteinen, auf den inneren Bau der Gebirge und die Entstehung dieses inneren Baues beziehen; die physische Geographie untersucht die
   äußeren Umgestaltungen durch die mechanischen Wirkungen des bewegten Wassers,
   der bewegten Luft und des bewegten Eises, sowie die daraus und aus der Verwitterung und Lösung hervorgegangenen Gebilde und Gestalten." Vgl. auch A. PENCK
   (1883, S. 3), A. PHILIPPSON (1919, S. 16), ders. (1923, S. 10) und A. HETTNER
   (1927, S. 262)

30) Dies meint A. HETTNER (1911a, S. 143) offensichtlich, wenn er schreibt: "Sie
   (die Geomorphologie, Anm. H. B.) kann die Formen der festen Erdoberfläche, wie
   sie aus den letzten großen Dislokationen hervorgegangen sind und im innern Bau
   der Erdrinde zum Ausdruck kommen, als gegeben ansehen; ihre Untersuchung setzt
   erst mit der Umbildung ein....Die geographische Betrachtung hat also mit dreierlei zu rechnen: 1. mit der Tatsache des innern Baus, 2. mit den Vorgängen der
   Umbildung, 3. mit den durch die Einwirkung dieser auf jene sich ergebenden Oberflächenformen...".

"morphologische" Formen im eigentlichen Sinne nur noch die durch die Mechanismen von Materialbewegungen auf der Erdoberfläche erzeugten Gestaltmerkmale gelten. Penck zieht daraus den für die Geomorphologie konsequenten Schluß, daß beispielsweise "die Krustenbewegung nirgends, wenn ihr die Abspülung entgegenarbeitet, die für sie charakteristischen Formen der Landoberfläche zu erzeugen vermag."[31]

Beschränken sich die ersten Versuche, die Gestaltmerkmale der Erdoberfläche auf das "Wesen" der Mechanik exogener (insbesondere fluvialer) Vorgänge zurückzuführen, noch auf triviale Aussagen wie diejenige, daß die Bewegung des fließenden Wassers der Schwerkraft folge, um daraus abzuleiten, daß das fluvial geformte Relief bei hinlänglicher Generalisierung durch gleichsinnige Abdachung charakterisierbar sei[32], so entstanden daneben über die Rezeption der hydromechanischen Literatur doch schon frühzeitig die ersten Theorien, die auf der Basis vom empirisch und theoretisch ermittelten Verhaltenskonstanzen von Variablen der Bewegungs- und Transportmechanismen des Wassers die Bildungsprozesse der fluvialen Formen anhand physikalischer Kategorien (wie "Kraft", "Masse", "Geschwindigkeit", "Reibung", Widerstand", "Arbeit" usw.)beschreibbar zu machen suchten.[33]

Innerhalb dieses theoretischen Rahmens ließ sich eine Reihe von wohldefinierten Variablen bestimmen wie z.B. die Menge des zugeführten Wassers, die Kohäsion des

---

31) A. PENCK (1891, S. 33); Penck formuliert dies am gleichen Ort auch folgendermaßen: "Keiner der endogenen Vorgänge kann eine Landoberfläche mit typischen Eigenschaften schaffen." (S. 31); H. WAGNER (1922, S. 287) betont in Analogie dazu: "Die äußeren morphologischen Formen, wie man sie heute gern im Gegensatz zu den tektonischen Formen bezeichnet, sind es, welche den Geographen in erster Linie beschäftigen...".

32) Vgl. A. PENCK (1883, S. 88) und ders. (1891, S. 32)

33) A. PHILIPPSON (1886) und A. PENCK (1889); vgl. insbesondere auch die, gemessen am damaligen Stand der Forschung vorzügliche Rezeption der Literatur über die Mechanik des fließenden Wassers bei A. PENCK (1894, S. 259 - 385). Für F. v. Richthofen war es daher nur natürlich, daß die Probleme, "welche die Art, die Ursachen und die mechanischen Wirkungen ihrer (hier: der Gletscher, Anm. H. B.) Bildung und Bewegung betreffen", solche der Physik sind (1883, S. 48). Und noch für W. PENCK (1924, S. 1) ist es selbstverständlich, daß "die Frage nach Entstehung und Entwicklung der Landformen..., so lebhaft an ihrer Lösung Geologie und Geographie auch interessiert sind, weder spezifisch geologischer noch spezifisch geographischer, sondern physikalischer Natur" ist.

der Erosion unterliegenden Materials, deren Einfluß auf den Bildungsprozeß von
Formen einer Analyse bedurft hätte, durch die jedoch das Problem des Erosionsme-
chanismus selbst überhaupt erst formulierbar wurde.[34] Schließlich aber gestat-
teten diese Theorien, die für empirisch ermittelte Regelhaftigkeiten relevanten
Ausgangs- und Randbedingungen zumindest näherungsweise zu bestimmen. Allerdings
ist nie reflektiert worden, daß für eine "quantitative Analyse der gestaltenden
Vorgänge", wie sie Philippson anstrebte, wesentliche Gestaltmerkmale nur die mit
anderen Einflußgrößen messbar variierenden Gestaltmerkmale (wie Gefälle, Länge
und Breite) sein können. Dies hat seinen Grund wohl vor allem darin, daß die Theorien der fluvialen Erosion immer auch auf eine qualitative Unterscheidung von
Formtypen nach unterschiedlichen Ausgangs- und Randbedingungen zielten.[35] In dem
Maße jedoch, wie zugleich die allgemeinen Bewegungsgesetze fließenden Wassers the-
matisiert und anhand physikalischer Größen zu den Oberflächenformen in Beziehung
gesetzt wurden, war eine Stufe erreicht, die den Übergang von einer auf die Beobachtung räumlicher Koinzidenz sich gründenden Zuordnung von qualitativ definierten Formtypen zu qualitativ beschriebenen Vorgängen (wie "Fließen", "Strudeln",
"Spülen" oder "Branden" des Wassers) zur Ermittlung von Kovariationen meßbarer Größen
(wie z.B. Abnahme der Strömungsgeschwindigkeit von Wasser mit abnehmendem Gefälle
bei konstanter Wassermenge und konstantem Bettquerschnitt) möglich gemacht hätte.[36]
Angesichts dieser programmatisch und in den theoretischen Ansätzen konsequent entsprechend dem oben angedeuteten Modell einer beschreibenden Naturwissenschaft vor-
angetriebenen Entwicklung der Geomorphologie seit Peschel scheint es erstaunlich,
daß die Analyse der Oberflächenformen in der Forschungspraxis einen ganz anderen Weg be-
schritten hat. Bis heute wird man in der (deutschen) geomorphologischen Literatur
nach Untersuchungen mit dem Ziel, quantitativ beschreibbare Verhaltenskonstanten,

---

34) Vgl. A. PHILIPPSON (1886, S. 69 ff.)

35) A. PHILIPPSON (1886, S. 73 f.) unterscheidet zwischen Flüssen, deren Wassermen-
    ge vom Oberlauf zum Unterlauf beständig zunimmt und solchen, "die von einem ge-
    wissen Punkte ihres Laufes an eine Verminderung ihrer Wassermasse erfahren
    (z.B. beim Nil)", um für beide Fälle aus seiner Theorie unterschiedliche Längs-
    profile abzuleiten.

36) A. PENCK hatte z.B. in seinem Lehrbuch 1894 ein theoretisches Niveau erreicht,
    von dem aus die amerikanische Morphologen-Schule um L. B. Leopold etwa ab 1950
    die "Regime-Theory" unter morphologischem Gesichtspunkt voranzutreiben suchte.
    (vgl. L. B. LEOPOLD/Th. MADDOCK jr., 1953)

sei es der Bewegungsmechanismen der erodierenden und transportierenden Medien, sei es der Erosions- oder Transportmechanismen selbst zu ermitteln, vergeblich suchen.[37] Die nach Philippson und A. Penck veröffentlichten Arbeiten zur Theorie der fluvialen Erosion[38] beschränken sich im wesentlichen auf die Wiederholung der bereits damals behaupteten Zusammenhänge zwischen einzelnen als relevant erachteten Variablen - meist allerdings nur noch in qualitativer oder allenfalls semiquantitativer Form - und behaupten schließlich, daß deren physikalische Formulierung nicht möglich und die Prüfung durch Messungen nicht nötig sei.[39] Es erscheint grotesk, wenn Hettner fast 20 Jahre nach Rezeption der Formeln Reynolds und Harlachers zur Strömungsgeschwindigkeit des Wassers in Abhängigkeit u.a. von Gefälle und hydraulischer Tiefe durch A. Penck[40] in seiner theoretischen Abhandlung über die "Arbeit des Fließenden Wassers" noch immer wie Supan 1896[41] von der Annahme

---

37) Fast ironisch mutet daher die im übrigen treffende Bemerkung von H. LOUIS (1968, S. 3) an, daß Albrecht Penck "auch heute noch nicht voll ausgewertete Anregungen zur quantitativen und physikalisch strengen Behandlung der Probleme gegeben" habe.

38) Neben den einschlägigen Lehrbüchern, vgl. insbesondere A. HETTNER (1910), W. ULE (1925), H. MORTENSEN (1942), H. v. WISSMANN (1951) sowie K. HORMANN (1963)

39) "So unentbehrlich die Begriffe Transportvermögen und Auslastung sind, so sehr widersetzen sie sich einer physikalisch einwandfreien Definition ... Wenn man einen Begriff wie den des Transportvermögens benutzen will, so muß man ihn so definieren, daß er eine Dimension haben und konkrete Zahlenwerte annahmen kann. Diese Zahlenwerte müssen nicht unbedingt praktisch bestimmbar sein." (K. HORMANN, 1963, S. 438)

40) A. PENCK (1894, S. 275)

41) "Bei Flüssen, die im Gebirge entspringen und dann durch Hügelland und Tiefebene ihren Lauf nehmen, hängt die Energie mehr von der nach unten abnehmenden Geschwindigkeit, als von der in gleicher Richtung zunehmenden Wassermenge ab..." (A. SUPAN, 1896, S. 378). Supan kommt zu dieser Auffassung von der flußabwärts abnehmenden Geschwindigkeit, weil er diese nur in Abhängigkeit vom Gefälle sieht, ihre Abhängigkeit von der Wassermenge jedoch außer Betracht läßt. Dies wird in folgender Formulierung deutlich: "Auch die Geschwindigkeit, d.h. das Gefälle, kann sich ändern." (1896, S. 384; Hervorh. H. B.)

ausgeht, daß sich die Strömungsgeschwindigkeit in Flüssen von der Quelle zur Mündung im Normalfall verringere.[42]

Wenn Richthofen und Penck mit ihren ersten Versuchen, die Beobachtungen über die Oberflächengestalt und die auf ihre Entstehung hindeutenden Erscheinungen in einem widerspruchsfreien System kausaler Erklärungen zu ordnen[43], scheitern[44], so

---

42) "Für die Größe der einzelnen transportierten Teile kommt es nur auf die Geschwindigkeit und damit Stoßkraft der einzelnen auf sie wirkenden Wasserfäden an. Diese wechselt zunächst mit der Wasserführung und ist bei Hochwasser größer als bei Niedrigwasser. ... Sie wechselt schließlich im Längsprofil und nimmt mit der Vermehrung der Wassermenge wegen der dadurch bedingten Reibungsverluste etwas zu, mit der Verminderung des Gefälles dagegen stark ab. Da die meisten Flüsse aus Gründen, die noch zu erörtern sind, abwärts ihr Gefälle vermindern, so vermindert sich auch die Größe der transportierten Materialien." Und er fügt etwas später noch einmal hinzu, daß grobes Material flußabwärts sukzessive abgelagert würde, "weil ihre Geschwindigkeit für deren Transport nicht mehr ausreicht". (A. HETTNER, 1910, S. 368; Hervorh. H. B.) Hettner sieht also den Einfluß der Wassermenge auf die Fließgeschwindigkeit, schätzt deren Einfluß allerdings als geringer ein als den abnehmenden Gefälles. Vgl. auch W. ULE (1925, S. 72) Durch Messungen an Flüssen hätte sich Hettner leicht davon überzeugen können, daß im Normalfall die Fließgeschwindigkeit flußabwärts mit zunehmender Wassermenge zunimmt, obwohl sich das Gefälle vermindert. L.B. LEOPOLD/Th. MADDOCK jr. (1953, S. 14) bemerken dazu: "Most geomorphologists are under the impression that the velocity of a stream is greater in the headwaters than in the lower reaches. The appearance of a mountain stream, of course, gives the impression of greater kineticity than that observed in a larger river downstream. The impression of greater velocity upstream stems in part from a consideration of river slopes which obviously are steeper in the upper than in the lower reaches. It will be recalled, however, that velocity depends on depth as well as on slope... The fact that velocity increases downstream with mean annual discharge in the rivers studied indicates that the increase in depth overcompensates for the decreasing river slope." Vgl. auch J. ZELLER (1965, S. 90)

43) F. v. RICHTHOFEN: "Führer für Forschungsreisende" (1. Auflage 1886; hier zitiert nach dem Neudruck von 1901); A. PENCK: "Morphologie der Erdoberfläche" (1. Auflage, 1894)

44) A. PHILIPPSON (1896) bemerkt zu F. v. Richthofens "Führer für Forschungsreisende": "Das...Kapitel 'Die Hauptformen der Bodenplastik' ist ein wertvoller Versuch einer Einteilung, bildet aber noch kein allgemeines, folgerichtiges System.... Diese Systematik läßt die richtige Unterscheidung der Einzelformen (genetische Typen, Anm. H. B.) und der Erdräume (tektonische Großformen, Anm. H. B.) vermissen." (S. 520) und zu A. PENCKS "Morphologie der Erdoberfläche": "Ferner läßt die Methode der Systematik öfters die Folgerichtigkeit vermissen; genetische Typen und künstliche Einteilungen nach verschiedenen äußeren Merkmalen begegnen uns hier und da in bunter Mischung."

läßt sich dies mit dem damals noch unzureichenden Erkenntnisstand der Geomorphologie begründen.[45] Für die Tatsache jedoch, daß die Forschungspraxis der Geomorphologie in der Folge einen anderen als den durch das oben skizzierte Erklärungsmodell vorgezeichneten Weg beschritt, ist eine tiefergehende Erklärung notwendig. Einen ersten Anhaltspunkt liefert die Gegenüberstellung zweier Aussagen Philippsons. Macht er in seinem "Beitrag zur Erosionstheorie" 1886 bezüglich der meisten Probleme auf einen "dunklen Punkt", eine "Lücke" oder auf "eine wichtige Frage", die "noch so gut wie gar nicht beantwortet worden" sei, aufmerksam oder ist der Auffassung, man wisse "noch zu wenig, um allgemeine Schlüsse darauf zu bauen"[46] und schließt mit der Bemerkung:

"Wie geringzählig sind ja überhaupt die Probleme der Geophysik, namentlich der dynamischen Geologie, welche bis jetzt haben mathematisch befriedigend gelöst werden können!"[47],

so schreibt er 1919, ohne daß auch nur eines der seinerzeit von ihm bezeichneten Probleme gelöst oder auch nur angegangen worden wäre:

"das Verständnis und die Bildungsweise aller großen Formengruppen, das Walten aller auf sie einwirkenden großen Faktoren sind in ihren Grundzügen festgelegt, selbstverständlich von zahlreichen Einzelfragen abgesehen.... die Aufgabe der Morphologie wird jetzt mehr die Anwendung der gefundenen Grundgesetze auf die Einzelfälle sein, d.h. die morphologische Erforschung der einzelnen Länder und Landschaften."[48]

Die Ergebnisse morphologischer Forschung werden hier offensichtlich an jeweils verschiedenen Maßstäben gemessen. In der Tat sollte ja auch die Geomorphologie mehrerlei leisten: Die Oberflächenformen sollten nicht nur im Hinblick auf die Gesetze ihres Entstehungsmechanismus, sondern zugleich auch unter dem Gesichtspunkt ihrer Wirkungen auf die Erscheinungen der anderen "Naturreiche", auf Pflan-

---

45) Vgl. H. WAGNER (1922, S. 287)

46) A. PHILIPPSON (1886, S. 70 f.)

47) A. PHILIPPSON (1886, S. 79)

48) A. PHILIPPSON (1919, S. 11)

zen und Tiere, insbesondere aber auf den Menschen analysiert werden.[49] Als spezifisch geographische Methode der Untersuchung von Abhängigkeitsbeziehungen zwischen den Erscheinungen der verschiedenen Naturreiche galt dabei das Aufsuchen von koinzidierenden Verbreitungsgebieten der geographischen Erscheinungen. Die Geomorphologie als Teildisziplin der Geographie, die zudem die "Basis" für alle anderen Teildisziplinen abgeben sollte[50], unterlag daher bei der "genetischen" Klassifikation der Oberflächenformen immer auch dem Anspruch, die Erdoberfläche vor allem beschreibbar zu machen und darüberhinaus ihre Klassen so zu definieren, daß sich relativ geschlossene Verbreitungsgebiete typischer Oberflächengestaltung ergaben.[51]

Zwar wurde davon ausgegangen, daß die Analyse der gestaltenden Vorgänge mit dem Ziel der schließlichen Auffindung der ihnen zugrundeliegenden Gesetze mit dem Vorhaben einer Beschreibung der Erdoberfläche unter dem Gesichtspunkt ihrer Wirkungen sowie einer Analyse der Verbreitung von Formentypen harmonisierbar sei - suchte doch einerseits die Geomorphologie selbst auf dem Wege über das Vorkommen und die erdräumliche Gruppierung von charakteristischen Formen die Bedingungen ihrer Ent-

---

49) "Und vom Standpunkt des Menschen nun empfängt...die Morphographie der allgemeinen Ortsbestimmungsfläche...erst Weihe und Bedeutung." (F. MARTHE, 1877, S. 443) Auch F. v. Richthofen wollte durch das Studium der Oberflächengestalt der Erde ein "Fundament gewinnen, mit dessen Hilfe die Beobachtungen über das Verhältnis nicht allein der Pflanzen und Tiere, sondern auch des Menschen, seiner Ansiedlungen, seiner Industrien und seines Verkehrslebens zu der umgebenden Natur in wissenschaftlichem Sinn - d.h. in ihrem Kausalitätsverhältnis zu derselben, verstanden werden können". (F. v. RICHTHOFEN, 1901, S. VI) Das Studium der Erdoberfläche "ist sich nicht Selbstzweck, sondern Mittel zum Zweck, da es nur das Fundament errichten soll, auf dem die allgemeine choristische Wissenschaft ihre weitgespannten Hallen aufbaut". (F. MARTHE, 1877, S. 439)

50) "So ist es durchaus gerechtfertigt, die Lehre vom Formenschatz der Erdoberfläche als die Grundlage der gesamten Geographie zu bezeichnen." (A. PHILIPPSON, 1919, S. 28); "Es wird mehr und mehr anerkannt, daß die Morphologie der Kern der geographischen Wissenschaft ist, daß sie für die wichtigsten Zweige der Geographie, für die Landschaftskunde, die Pflanzen- und tiergeographie, vor allen aber für die Anthropogeographie die Grundlage bildet." (C. RATHJENS, Die Stellung der Morphologie in der geographischen Wissenschaft und ihr heutiger Stand, S. 129); vgl. auch F. v. RICHTHOFEN (1901, S. 3)

51) Für A. PENCK (1894, S. 1) bilden die Oberflächenformen "in ihrer Erscheinung, ihrem Vorkommen und ihrer Entstehung den Vorwurf der Morphologie der Erdoberfläche". F. v. RICHTHOFEN (1903, S. 683) erstrebt eine Analyse "der Formgebilde der Erde, sowohl nach Kategorien, als nach örtlichen Erscheinungen und der Art ihrer Gruppierung in den Erdräumen." (Hervorh. H. B.) Vgl.auch A.PHILIPPSON (1923, S. 7)

stehung zu ermitteln, und wurde doch andererseits allgemein davon ausgegangen, daß eine genetische Klassifikation der Oberflächenformen geradezu eine Voraussetzung für die Beschreibung des "Schauplatzes der Geschichte" sei oder diese zumindest erleichtere[52] -; doch erwies sich diese Annahme als irrig.

Eine Klassifikation der Oberflächenformen, solange sie von charakteristischen konkreten Formen des Reliefs (wie Fjorde, Rias, Trogtäler, Wadis, Schwemmfächer oder Wannen) ausging, um diese den an ihrer Entstehung vorherrschend beteiligten Agentien zuzuordnen, lieferte noch Klassen von Formen, die - wenn auch nicht nach Kriterien der "Kulturbrauchbarkeit" klassifiziert, - sich in einem zweiten Schritt doch auf ihre Brauchbarkeit für bestimmte Zwecke hin untersuchen ließen und die zudem, soweit ihre Entstehung auf die Agentien fließendes Eis, fließendes Wasser oder Wind zurückführbar war, sich zu relativ geschlossenen Verbreitungsgebieten gruppieren ließen, die dann an bestimmte Klimate gebunden waren.[53]

In dem Maße jedoch, wie die Geomorphologie über diese qualitative Zuordnung zur Beschreibung gesetzmäßiger Kovariationen von Gestaltmerkmalen mit Einflußgrößen des Formungsprozesses übergegangen wäre, hätte sie ihre Funktion für die damalige Geographie eingebüßt. Die für die Formulierung von Regularitäten des Formungsprozesses wesentlichen Gestaltmerkmale sind andere als diejenigen, die beispielsweise bei der Beurteilung der Zugänglichkeit eines Gebietes in Betracht zu ziehen sind.

---

52) Nach F. v. RICHTHOFEN (1903, S. 684) gelangt die genetische Erkenntnis der Formen "von selbst, und ohne dieses Ziel unmittelbar zu erstreben, zu einer wissenschaftlichen Erkenntnis des Schauplatzes, an den das organische Leben und das Dasein des Menschen gebunden ist." (Vgl. auch ebda. S. 50) "Wir können über die Kulturbrauchbarkeit einer Küste nur dann aburteilen, wenn wir sie nach ihren physischen Verhältnissen so genau wie möglich kennen, und diese physischen Verhältnisse wiederum können wir nur dann richtig beurteilen, wenn wir eine Einsicht in die Entstehungsweise der Küste haben." (F. G. HAHN, 1886, S. 106); vgl. A. HETTNER (1927, S. 103)

53) Nach A. PENCK (1883, S. 3) "knüpfen sich die erodierenden Wirkungen an bestimmte Regeln, und es läßt sich schon heute annehmen, warum sie hier sich stärker entfalten, als dort, und warum sie anderswo fehlen.... Die sich bewegenden, strömenden Wasser, die Flüsse und Gletscher, sind aber rein klimatische Phänomene, und indem sich ihre Verbreitung an bestimmte klimatische Zonen knüpft, muß notwendigerweise auch der von ihnen ausgeübte gestaltende Einfluß auf der Erdoberfläche unter Einwirkung des Klimas stehen." Vgl. auch A. SUPAN (1896, S. 342), H. WAGNER (1922, S. 369), A. HETTNER (1911a, S. 144), A. PENCK (1910, S. 237 f.)

Zudem waren gerade auch diejenigen Gestaltmerkmale des Reliefs unter anthropogeo-
graphisch-länderkundlichem Gesichtspunkt von besonderem Interesse, die auf Deformationen der Erdkruste zurückzuführen sind. Der von Ratzel in seiner "Anthropogeographie" in den Vordergrund der Betrachtung gerückte Gegensatz von Gebirge
und Ebene[54] ließ sich auf die umgestaltenden Vorgänge nicht zurückführen. Wenn
daher die Krustenbewegungen und deren Ergebnisse, die im Rahmen von Theorien der
umgestaltenden Vorgänge nur als Ausgangs- und Randbedingungen erscheinen konnten,
als "endogene" neben die "exogenen Vorgänge" bzw. als "Strukturformen" neben die
durch Erosion und Akkumulation gebildeten "ausgearbeiteten" und "aufgesetzten"
Formen gestellt wurden[55], so hat dies seinen Grund in einer an den Wirkungen
des Reliefs orientierten Betrachtung der Erdoberfläche.[56] Das Interesse an einer
reinen Beschreibung der unterschiedlichen Oberflächengestaltung einzelner Länder
und Landschaften zum Zwecke der Analyse von Beziehungen zu den übrigen geographischen Erscheinungen dieser Gebiete war zu stark, als daß sich ihm gegenüber eine
konsequente Theorie mechanischer Einwirkungen von Agentien hätte durchsetzen

---

54) "Es bieten also die Höhen der Erde den Bewegungen der Menschen ein Hindernis,
und wo sie massig zu Gebirgen vereinigt auftreten, schaffen sie die wirksam-
sten Schranken, welche auf dem Festen unseres Planeten sowohl den individuel-
len als den geschichtlichen Bewegungen gesetzt sind." (F. RATZEL, 1882, S.
182, S. 183) Über das Flachland schreibt RATZEL: "Die wichtigste Eigentümlichkeit des flachen Landes liegt für unsere Betrachtung darin, dass es dem in
Bewegung befindlichen Menschen den geringsten Widerstand entgegensetzt." (S.
182) Zwischen diesen beiden Extremen lassen sich nach dem Kriterium der Zugänglichkeit weitere Abstufungen unterscheiden: "Von Bodenformen unterscheidet die Geographie Flachland, Berge, Hügelland und Gebirge." (S. 182) Für eine genetische Klassifikation der Oberflächenformen gibt diese Abstufung allerdings wenig her. Umgekehrt ist sie selber einer "Erklärung" auch gar nicht be-
dürftig. RATZEL fügt daher hinzu: "Diese Begriffe bedürfen keiner Definition."
Zu den "Wirkungen" des Reliefs vgl. F. RATZEL (1882, S. 181 - 228) sowie
K. SAPPER (1933).

55) Vgl. A. PENCK (1891, S. 36), F. MACHATSCHEK (1919, S. 10), A. SUPAN (1916,
S. 636), H. WAGNER (1922, S. 386)

56) Allgerdings gibt diese Grobgliederung der Formen, sofern sie auf "Vorgänge"
zurückgeht, selbst noch nichts für die Beschreibung oder Beurteilung der
"Wirkungen" her.

können.[57] In den Lehrbüchern der Geomorphologie spiegelt sich dies in der Be-
ziehungslosigkeit zwischen den Ausführungen über die mechanischen Wirkungen der
Agentien und den umgangssprachlichen Gestaltmerkmalen, die zur Charakterisierung
der unter dem Gesichtspunkt der (vermeintlichen) Wirkungen auf den Menschen aus-
gesonderten Formentypen herangezogen wurden.[58] Das Programm, die Entstehung der
Oberflächenformen durch Analyse der mechanischen Kräfte zu analysieren, das der
Geomorphologie dieser Periode den Namen einer "Kräftelehre" eingetragen hat, ver-
wässerte schließlich zu einer Kräfte-Metaphorik, die alle nur denkbaren Erscheinungen wahlweise zu "Kräften", "Bedingungen", "Faktoren" oder "Agentien" erklärte.[59] Die von Philippson monierten Inkonsequenzen in den Klassifikationssystemen

---

57)"Bei dem vielfachen Ineinandergreifen aller aufbauenden, zerstörenden, umlagern-
den Kräfte wollen wir im folgenden dennoch die Landformen nicht dieser (genetischen, Anm. H. B.) Dreiteilung unterordnen, sondern die neuen morphologischen
Gesichtspunkte dem für ihre geographischen Wirkungen noch immer maßgebenden
Hauptgegensatz von Gebirgen und Flachböden anpassen." (H. WAGNER, 1922, S. 386)
Wagner liefert damit die nachträgliche Begründung für die immer schon diesem Gesichtspunkt folgenden Klassifikationsschemata. Schon Richthofen legte die Kategorien "Gebirge und Flachboden als die beiden Grundformen der Oberflächengestal-
ten" seinem Klassifikationsschema zugrunde (1901, S. 640). Auch bei A. PENCK
(1894a) läßt sich dieser Gesichtspunkt in seiner Gliederung der "Formen der Landoberfläche" unschwer wiederfinden, wenn er unterscheidet: "Ebenen", "aufgesetztes
Hügelland", "Tallandschaften", "Wannen- und Seenländer", "Gebirge" und "Senken".

58) So faßt A. PENCK (1894a, S. 36 ff.) unter der Formenkategorie "aufgesetzter Hü-
gel", die er in "langgedehnte, schmale Wälle und rundliche Haufen" untergliedert,
"Dünen", "Moränen", "Schlammvulkane" und "Sinterhügel" zusammen. Für F. v. RICHT-
HOFEN (1901, S. 667) fallen unter die Formkategorie "Aufschüttungsgebirge" gene-
tisch so verschiedene Gebilde wie "Korallenriffe", "Dünen", "Gletscherschutt" und
"Gletschermassen"(!). Vgl. auch E. BROCKNER (1897)

59) "Gerade auch in der Geographie griff leider die Kausalsprache geradezu als Ersatz
für Exaktheit und logisch begründete Erkenntnis um sich. ...auf dem Gebiete physischer Geographie wurden saubere Grundbegriffe wie Massen, Kräfte, Arbeiten und
Energien verwechselt und durcheinandergebracht. Man mußte schon froh sein, wenn
Flüsse, Gletscher usw. nicht geradezu als 'Kräfte' angesprochen wurden, sondern
nur die Arbeiten der schleifenden oder zersplitternden Erosion. Wer freilich Arbeiten wie Verwitterung, Akkumulation, Krustenbewegungen usw. als Kräfte bezeichnet, die außerhalb Mitteleuropas stets Vorgänge und Prozesse heißen, der braucht
sich mit einer exakten Problemstellung, geschweige Behandlung des Gegenstandes
nicht mehr zu plagen." (O. LEHMANN, 1937, S. 47). Lehmann ist freilich mit seiner
Kritik noch recht zurückhaltend, ist für A. SUPAN (1896, S. 340) doch selbst die
"organische Welt" eine "destruktive Kraft", und A. Philippson führt als "im Meere
wirkende Kräfte" auf: "Brandung, Gezeiten, Strömungen, Flußmündungen, Meereis,
Riffbau, Bewegungen der Küstenlinie!" (A. PHILIPPSON, 1896, S. 522)

Richthofens und Pencks und deren beständige Reproduktion in den ihnen folgenden
Lehrbüchern der Geographie[60] sind also nicht allein Ausdruck eines (noch) unzureichenden Kenntnisstandes[61], sondern auch und vor allem der Widersprüchlichkeit
der Ziele, denen sie verpflichtet waren.

3.2 WILLIAM MORRIS DAVIS' ZYKLISCHES EVOLUTIONSMODELL ZUR "ERKLÄRENDEN BESCHREIBUNG" DER OBERFLÄCHENFORMEN ALS VERSUCH, DIE FRAGE NACH DEN FORMUNGSMECHANISMEN ZU UMGEHEN

Seit Beginn des 20. Jahrhunderts setzt im deutschen Sprachbereich die Rezeption
der Zyklen-Theorie des amerikanischen Geographen William Morris Davis ein.[1] Innerhalb weniger Jahre, besonders nach Davis' Berliner Vorlesung als Austausch-
Professor im Wintersemester 1908/09 und deren Veröffentlichung[2] sowie der Ober-
setzung seiner "Physical Geography" ins Deutsche[3] beherrschen seine Vorstellungen
den Verlauf der Diskussion innerhalb der deutschen Geomorphologie, allerdings schon
bald als Gegenstand einer scharfen Auseinandersetzung.[4] Die anfängliche Emphase,

---

60) A. SUPAN: "Grundzüge der physischen Erdkunde" (1. Auflage 1884); H. WAGNER:
"Lehrbuch der Geographie, Bd. 1 (Allgemeine Erdkunde)" (1. Auflage 1900, zu-
gleich 6. Auflage des Lehrbuches der Geographie von H. GUTHE); A. PHILIPPSON:
"Grundzüge der allgemeinen Geographie" (1. Auflage 1921 - 24)

61) Dies behauptet z.B. H. WAGNER (1922, S. 321): "So hat man es bei der Erklärung
morphologischer Formen mit einer großen Mannigfaltigkeit von Vorgängen zu tun,
die es begreiflich erscheinen läßt, daß die Wissenschaft bis heute noch nicht
zu einer allgemein anerkannten Erklärung und Klassifikation der Formen gekommen ist."

1) So widmet H. WAGNER (1908, S. 483 f.) in einem Anhang zum Abschnitt "Das Festland" dem "geographischen Zyklus" bereits ein gesondertes Kapitel in seinem
"Lehrbuch der Geographie".

2) W. M. DAVIS/A. ROHL: "Die erklärende Beschreibung der Landformen" (1912)

3) W. M. DAVIS/G. BRAUN: "Grundzüge der Physiogeographie" (1911)

4) "Unter den außerdeutschen modernen Geographen ist wohl über keinen in letzter
Zeit so viel geredet und geschrieben worden, wie über...William Morris Davis.
Ober ihn und die Methoden seiner Forschung und lehrenden Darstellung ist besonders in Deutschland ein heftiger, zurzeit noch keineswegs beendeter Kampf ent-
brannt." (M. FRIEDERICHSEN, 1914, S. 9)

von der die Rezeption der Zyklen-Theorie begleitet wurde, dürfte ihren Grund vor
allem darin haben, daß es Davis im Gegensatz zur "Kräftelehre" gelungen war, die
Oberflächenformen nach einem konsequent durchgehaltenen Schema zu systematisieren
und dabei insbesondere den bei Richthofen und Albrecht Penck offenkundigen Bruch
zwischen einer Beschreibung der "umgestaltenden Vorgänge" auf der einen, einer
nach demgegenüber äußerlichen Gestaltmerkmalen vorgenommenen Klassifikation von
Formen- und Relieftypen auf der anderen Seite vermieden zu haben[5] - allerdings,
wie sich zeigen wird, um den Preis des Verzichts auf eine über das Bekannte hin-
ausführende Analyse der Bewegungs-, Erosions- und Transportmechanismen der Agentien.[6] Davis schien durch sein deduktives Schema der "erklärenden Beschreibung"
der Geomorphologie eine Möglichkeit eröffnet zu haben, dem empiristischen Methodenideal zu genügen, ohne doch gleichzeitig die physikalischen Gesetzmäßigkeiten der
Formungsprozesse, aus denen sich für die landschafts- und länderkundliche Geographie keine Wirkungen auf andere geographische Erscheinungen, insbesondere die
menschlichen Gesellschaften, ableiten ließen. analysieren zu müssen.

Davis hält, wie die "Kräftelehre", an der Vorstellung fest, daß das Relief der
Erdoberfläche vorab nach der Wirksamkeit verschiedener Agentien zu klassifizieren
sei.[7] Dies ist gemeint, wenn er sagt, daß die Gestalt des Reliefs vom "Vorgang"
abhängig sei (wobei der Begriff des Vorgangs bei Davis mit doppeltem Inhalt gebraucht wird: als die physikalischen bzw. chemischen Gesetzen folgende Mechanik
des jeweiligen Agens, aber auch als Entwicklung des Reliefs selbst). Davis geht
über den Ansatz der "Kräftelehre" allerdings insofern hinaus, als er zugrundelegt,
daß das Relief im Verlauf der Abtragung einem - je nach wirksamen Agens spezifi-

---

5) Diesen Bruch zu vermeiden, erklärt Davis ausdrücklich als sein Ziel, wenn er
   schreibt: "The various processes...are too commonly considered by geographers
   apart from the work that they do.... There should be no such separation of
   agancy and work in physical geography, although it is profitable to give separate
   consideration to the active agent..." (1899, S. 482)

6) M. FRIEDRICHSEN (1914, S. 12) zufolge "lehnt W. M. Davis eine Betrachtung der
   wirkenden Kräfte bei der Untersuchung der Landformen ab, setzt die Kenntnis
   dieser Kräftewirkungen vielmehr als bekannt voraus". Vgl. auch W. PENCK (1924,
   S. 8)

7) DAVIS unterscheidet an Agentien: fließendes Eis, fließendes Wasser, Wind, Bran-
   dungswasser und Lösungswasser. (W. M. DAVIS/G. BRAUN, 1911, S. 84 f.)

schen - systematischen Wandel unterliegt und daher in jedem "Stadium" der Entwicklung charakteristische Gestaltmerkmale aufweist, die gestatten, es als "jung", "reif" oder "alt" zu klassifizieren. Er faßt die "heutigen Landformen" auf "als ein Augenblicksbild in einer langen Reihe von Veränderungen, als ein Entwicklungsstadium, dem andere voraufgegangen sind und weitere folgen werden".[8]

Im folgenden soll nur Bezug genommen werden auf seine Ausführungen über die Entwicklung der Oberflächenformen unter dem Einfluß des fließenden Wassers, also unter den Bedingungen eines humiden Klimas, das einerseits feucht genug ist, daß die Flüsse dauernd fließen, andererseits warm genug ist, daß die etwa in Form von Schnee fallenden Niederschläge wieder abtauen, also keine langfristige Akkumulation von Schnee und damit Bildung von Gletschern erfolgt. Dem Davis'schen "Schema" der Reliefentwicklung unter Bedingungen fluvialer Abtragung liegen im wesentlichen folgende einfache Annahmen zugrunde:

- Notwendige und hinreichende Bedingung fluvialer Abtragung (bei entsprechenden klimatischen Bedingungen) ist das Vorhandensein von Gefälle auf einem über den Meeresspiegel erhobenen Krustenstück. Fluviale Abtragung findet bei ausreichender Niederschlagsmenge also nur dann - aber auch immer dann - statt, wenn ein Stück Erdkruste über den Meeresspiegel aufragt.
- Die Intensität (Geschwindigkeit) der fluvialen Abtragung ist um so größer, je stärker das Gefälle (die Höhendifferenz des der Abtragung unterliegenden Krustenstücks zum Meeresspiegel bei gegebener Basisdistanz), je größer die Menge des abfließenden Wassers und je geringer die Widerständigkeit des der Abtragung unterliegenden Krustenstücks gegen Abtragung ist.
- Die Erosionsleistung eines Gerinnes wird zudem bestimmt durch die Menge und Korngröße des von den Hängen zugeführten Schuttes. Eine große Schuttbelastung und grobe Fraktionen vermindern die Erosionsleistung des fließenden Wassers.
- Die Schuttzufuhr von den Hängen ist im wesentlichen bestimmt durch die Hangneigung. Steile Hänge bedingen die Zufuhr von pro Zeiteinheit großen Mengen Schutt, der zudem, da er wegen der schnellen Hangabtragung nur kurze Zeit der Verwitterung unterliegt, grob ist. Flache Hänge dagegen bedingen die Zufuhr von pro Zeiteinheit nur geringen Mengen Schutt, der wegen der langsam verlaufenden Hangabtragung vorwiegend feinkörnig ist.

---

8) W. M. DAVIS/G. BRAUN (1911, S. 81)

Aus diesen Annahmen leitet Davis seinen "normalen Erosionszyklus" her. Als Ausgangsbedingung wählt er eine aus dem Meer ungleichmäßig gehobene (und daher schräggestellte) "Urlandoberfläche". Er läßt später jedoch auch den Fall einer (erneuten) Hebung eines bereits der Abtragung unterliegenden Krustenstücks zu.

Die Höhendifferenz dieser "Urlandoberfläche" zum Meeresspiegel ist zu Beginn der Entwicklung ("Jugend-Stadium") vergleichsweise am größten. Die den ursprünglichen Gefällslinien folgenden ("konsequenten") Gerinne des erst im Ansatz entwickelten Gewässernetzes tiefen sich bei starkem Gefälle schnell ein. Es bilden sich enge Täler mit steilen Hängen aus, die den Flüssen reichlich groben Schutt zuführen. Der sich auf den Hängen mit großer Geschwindigkeit, z.T. sogar in Form von Bergstürzen, den Gerinnen zu bewegende Schutt bedeckt das anstehende Gestein allenfalls stellenweise. Die Ausgangsform ist noch wenig zerstört, die Wasserscheiden sind noch weitgehend die Rücken der "Urlandoberfläche". Die Reliefenergie ("Textur") ist dementsprechend gering.

Mit fortschreitender Entwicklung nimmt die Eintiefungsgeschwindigkeit der Flüsse infolge des durch Abtragung verminderten Gefälles ab. Im Stadium der "Reife" ist das Gewässernetz mit "konsequenten", "insequenten", "absequenten" und "subsequenten" Gerinnen voll entwickelt. Die Gerinne folgen jetzt nicht mehr den ursprünglichen Gefällslinien, sondern - da dort die Abtragungsgeschwindigkeit größer ist - den Bahnen weicheren Gesteins. Die Zwischentalscheiden sind Rücken härteren Gesteins. Die Urlandoberfläche ist weitgehend zerstört. Infolge der abnehmenden Eintiefungsgeschwindigkeit der Gerinne können die Hänge jetzt schneller tiefergelegt werden als die Vorfluter. Es spielt sich ein Gleichgewicht ein zwischen Gefälle der Gerinne und Hangneigung, bei dem die (bei gegebener Wassermenge) gefällsbedingte Kraft der Flüsse nahezu durch die zugeführte Schuttlast absorbiert wird. Die Flüsse erreichen das "Ausgleichsgefälle". Die Hänge sind flacher und überall mit "kriechendem" Schutt bedeckt. Die Reliefenergie ist trotz der Abflachung der Hänge aufgrund der inzwischen beträchtlichen Eintiefung der Gerinne groß.

Mit weiter fortschreitender Entwicklung wird das Stadium des "Alters" erreicht. Die Flüsse tiefen sich mit weiter abnehmendem Gefälle immer langsamer ein. Sie vermögen trotz geringen Gefälles und damit geringer Fließgeschwindigkeit den anfallenden Schutt abzutransportieren, da sich durch die Abflachung der Hänge auch die Schuttzufuhr vermindert, der Schutt zudem aufgrund tiefgründiger Verwitterung nur sehr fein ist. Die Hänge werden immer weiter abgeflacht, die Talsohlen werden immer breiter, bis schließlich eine nur wenig über den Meeresspiegel erhobene "Fastebene", in der die härteren Gesteine nurmehr als flache Schwellen an der Oberfläche in Erscheinung treten, als "Endform" des Erosionszyklus erreicht ist.

Davis erhebt nun nicht nur den Anspruch, Erklärungen für eine Reihe von Oberflächenformen geben zu können, sondern darüberhinaus auch eine neue Methode in die Geomorphologie eingeführt zu haben, die überhaupt erst die Möglichkeit der Erklärung eröffnet: die deduktive "Methode der erklärenden Beschreibung".[9] Er grenzt sich ab gegen eine Geomorphologie, die sich entweder mit der bloßen Schilderung des vorgefundenen Reliefs zufrieden gibt, ohne die geschilderten Tatsachen miteinander in Beziehung zu setzen, oder aber vorgibt, allein aufgrund unmittelbarer Beobachtung induktiv zu verallgemeinernden Aussagen gelangen zu können. Erstere bezeichnet er als "törichte Wissenschaft"[10], letzterer hält er vor, daß immer schon, wenn auch unbewußt, abgeleitete Kategorien und damit Vorstellungen über die Genese des Reliefs in ihre Beobachtungen mit eingehen:

"Selbst ein noch so konservativ gesonnener empirischer Geograph wird gelegentlich, vielleicht ohne daß er es merkt, eine abgeleitete Form anstelle einer beobachteten als Muster benutzen..."[11]

Davis will demgegenüber gezielt von dem Mittel der Ableitung "gedachter Formen" aus einfachen Annahmen über "allgemeine Vorgänge" und Randbedingungen, unter denen diese Vorgänge ablaufen, Gebrauch machen und behauptet, eben dadurch zu einer genetischen Erklärung der Gestalt der Erdoberfläche zu gelangen.[12] Als "genetische Erklärung" gilt ihm dabei der Nachweis von Beziehungen der Formelemente ei-

---

9) H. BAULIG (1950) bezeichnet Davis aufgrund dessen sogar als "Master of method".

10) W. M. DAVIS/A. ROHL (1912, S. 13)

11) W. M. DAVIS/A. ROHL (1912, S. 28)

12) DAVIS hebt jedoch hervor, daß er Empirie und Induktion nicht durch die Deduktion ersetzen, sondern nur ergänzen wolle, da, wie er sagt, "man keine genügende Erklärung der gegenwärtigen Landformen als Ergebnis vergangener Vorgänge ohne die Anwendung der Deduktion geben kann." (W. M. DAVIS/A. ROHL, 1912, S. XVI)

ner Landschaft untereinander sowie zu den in der Entwicklung des Reliefs vorausgegangenen Formelementen:

"Bei der anderen Methode - der sogenannten erklärenden - versucht der Geograph
die genetische Erklärung der Dinge, indem er jedes Element der Landschaft sowohl
in Beziehung zu dessen Mitelementen und zu dessen eigener Vergangenheit, als in
seiner Herrschaft über andere Elemente oder in seiner Abhängigkeit von diesen
darstellt. ... Gerade die Beziehungen, welche die Elemente einer Landschaft untereinander und mit der Vergangenheit verknüpfen, sind deren wahrhaft wesentliche
Teile, ohne die ein richtiges Verständnis nicht möglich ist."[13]

Die Beschreibungen der Beziehungen und damit das Verständnis bzw. die Erklärung

der Formen bleiben aber solange hypothetisch, bis sie nicht einer empirischen Prü-

fung durch Beobachtung unterzogen sind:

"Wenn wir die Möglichkeit der Voraussetzungen und das Vorkommen der allgemeinen
Vorgänge, auf denen die Deduktionen beruhen, zugeben, dann können wir auch die Richtigkeit der Deduktionen annehmen, falls sie aus den ursprünglichen Voraussetzungen
richtig hergeleitet worden sind. Aber es können sich natürlich an einem oder dem
anderen Punkte der langen Deduktionsreihe Irrtümer einschleichen, und daher ist es
wünschenswert, irgendeine unabhängige Probe für ihre Richtigkeit zu besitzen. Am
besten wird das geschehen durch eine Gegenüberstellung der Deduktionen mit den
beobachteten Tatsachen, dadurch können wir die Richtigkeit der ursprünglichen Voraussetzungen und die Genauigkeit der Deduktionen durch den Grad der Übereinstimmung zwischen ihnen und den Tatsachen messen."[14]

Nun konzentriert sich die Kritik an Davis aber vor allem darauf, daß er es versäumt

habe, die von ihm deduzierten Aussagen jemals einer Prüfung unterzogen zu haben.

So bemerkt Strahler:

"I do not recall having seen a measurement of slope angle or a precisely measured
slope profile in any of his publications"[15]

oder Dury:

"The Davisian model of a graded hillside slope ... was derived without the aid of
measurements of particle size. Similarly, in discussing stream velocity in con-
nection with stream slope, and especially with reference to the profiles of graded
streams Davis made no use whatever of actual records."[16]

---

13) W. M. DAVIS/A. RÜHL (1912, S. 12 f.)

14) W. M. DAVIS/A. RÜHL (1912, S. 88); vgl. auch S. 71 und 73 f.

15) A. N. STRAHLER (1950, S. 209)

16) G. H. DURY (1969, S. 5)

Es ist nun aber im Zusammenhang der hier erörterten Fragestellung weniger von
Interesse, ob Davis seine Annahmen einer Prüfung unterzogen hat oder nicht, sondern vielmehr, wie er sich diese Prüfung vorstellt und ob dadurch eine Prüfung
möglich ist bzw. was überhaupt durch das von ihm vorgeschlagene Prüfungsverfahren
bestätigt werden kann.

Bemerkenswert an dem von Davis gebrauchten Begriff der Erklärung ist, daß es ihm
nicht so sehr auf die Beziehung der Formelemente oder Gestaltmerkmale des Reliefs
zu den den Prozeß der Formbildung steuernden Größen ankommt, daß er vielmehr die
einzelnen Gestaltmerkmale (Formenelemente) des Reliefs zu anderen, sei es gleichzeitig oder vorher existierenden Gestaltmerkmalen in Beziehung zu setzen sucht.[17]
Zwar kann er z.b. Gestaltmerkmale wie flache, Feinmaterial liefernde Hänge und
ein ausgeglichenes Flußlängsprofil mit schwachem Gefälle nur in Beziehung setzen
aufgrund der Annahmen,

1. daß das Längsprofil von Flüssen bedingt ist durch die für die Menge des zugeführten Schuttes erforderliche Fließgeschwindigkeit und

2. daß flache Hänge dem Vorfluter Schutt nur in geringen Mengen und in kleiner
Fraktion zuführen - Annahmen übrigens, die Davis in seiner Deduktion der Beziehungen von Formen ja auch tatsächlich gemacht hat[18];

---

17) So gebraucht er seine Aussage über die Beziehung von "Elementen" untereinander und zur Vergangenheit nämlich meist in einer etwas veränderten Formulierung: er behauptet, "that certain groups of forms may be arranged in a genetic
sequence" und "that the different formelements of a given structural mass are
at each stage of its physiographic evolution systematically related to one an-
other". (W. M. DAVIS, 1922, S. 594, Hervorh. H. B.) Es scheint dies auch mit der
oben (vgl. Anm. 13) zitierten Formulierung, daß die Elemente der Landschaft untereinander in Beziehung stünden, gemeint zu sein. Davis spricht nämlich statt
von "Elementen" auch von "Teilen" einer Landschaft. (W. M. DAVIS/G. BRAUN, 1911,
S. 86 sowie W. M. DAVIS/A. RÜHL, 1912, S. 94) Es wäre jedoch wohl ein eigen-
tümlicher Sprachgebrauch, z.B. die Strömungsgeschwindigkeit von Flüssen als "Element" oder "Teil einer Landschaft" bezeichnen zu wollen.

18) Davis ist daher auch nur aufgrund dieser Annahmen zu Erklärungen im üblichen Sinne, d.h. zu wenn...dann... -Aussagen in der Lage. Davis ist sich übrigens der Abhängigkeit seiner Aussagen über Beziehungen von Formen von diesen Annahmen durchaus bewußt, wenn er schreibt: "Auf diese Weise gelangten wir in den Besitz eines
gedachten Schemas für die erklärende Behandlung der Landformen, indem wir die
Formen in ihren Beziehungen zueinander betrachteten und diese von der Tätigkeit
und dem Stadium der zerstörenden Vorgänge auf einer Landmasse von gegebener
Struktur und Urhöhe abhängig fanden." (W. M. DAVIS/A. RÜHL, 1912, S. 142)

und weiter geht auch Davis, wie bereits erwähnt, davon aus, daß seine Schlußfolgerungen und Annahmen, wenn sie zur Erklärung der Oberflächenformen taugen sollen,
einer Prüfung auf ihre Gültigkeit unterziehbar sein müssen. Wesentlich ist nun
aber, daß Davis weder primär an den durch diese Annahmen beschriebenen Beziehungen interessiert ist, noch sie einer direkten Prüfung im konkreten Fall zu unter-
ziehen für notwendig erachtet; weder im Hinblick darauf, ob sie überhaupt gültig
sind, noch ob sie - ihre Gültigkeit vorausgesetzt - im konkreten Fall einen Erklärungswert besitzen. Er glaubt vielmehr, seine Annahmen über die "allgemeinen Vorgänge" wie auch über die Ausgangs- und Randbedingungen schon dann als gültig betrachten zu dürfen, wenn er die daraus hergeleiteten Beziehungen der Formen untereinander und "zur Vergangenheit" durch Beobachtung bestätigt findet. Analog der
Umformulierung seiner Aussage über die bestehenden Beziehungen gibt er nämlich
auch seiner Aussage über das Prüfungsverfahren einen anderen Sinn, indem er anstelle von "Tatsachen" jetzt "Form" einsetzt:

"Selbstverständlich kann man sich bei der Deduktion gerade so gut irren wie bei
der Beobachtung, und deshalb werden wir später die Richtigkeit verschiedener von
uns abgeleiteter Formen dadurch prüfen, daß wir sie entsprechenden, beobachteten
Formen gegenüberstellen. Wenn wir dann einige Glieder einer Reihe gedachter Formen in guter Übereinstimmung mit entsprechenden beobachteten Formen finden, dürfen wir die ganze Reihe für richtig halten."[19]

Abgesehen von der unpräzisen Ausdrucksweise (was z.B. ist unter "Richtigkeit von
Formen" zu verstehen?) und der im Nachsatz eingeschlossenen Problematik, die weiter unten zu diskutieren sein wird, bleibt festzuhalten, daß Davis offensichtlich
die "Beziehungen" von Formen "untereinander" und "zur Vergangenheit" durch "Reihen
von Formen" repräsentiert glaubt.

Unterstellt man zunächst

1. daß Davis seine Annahmen, die er seinen Ableitungen zugrundelegt und die, wie
   bereits dargelegt, ja überhaupt erst eine Erklärung möglich machen, verifizieren will und ferner

---

19) W. M. DAVIS/A. RÜHL (1912, S. 29), Hervorh. H. B.; vgl. auch S. 93, 95 und
    176

2. die Zulässigkeit dieses, wie man es bezeichnen könnte: 'indirekten' Prüfungsverfahrens durch Beobachten von "Reihen von Formen",

so stellt sich doch die Frage, wie man sich dieses Verfahren im einzelnen vorzu-
stellen hat.

Davis weist in Übereinstimmung mit dem bisher Gesagten an mehreren Stellen darauf
hin, daß zu unterscheiden ist zwischen einer "systematische(n) Reihe von Veränderungen" der Formen (dies also offensichtlich die Beziehungen der Formen zur Vergangenheit) und deren "systematischer Beziehung ('Korrelation') untereinander".[20]
Es muß zunächst gefragt werden, welche Beobachtungstatsachen Davis seinen Aussagen über die "theoretische Aufeinanderfolge der Landformen"[21] gegenüberstellen
will, um postulierte Beziehungen einzelner Gestaltelemente oder der Landschaft
als ganzer zur Vergangenheit empirisch abzusichern. Zu prüfen wäre also die Hypothese, daß eine aus dem Meer gehobene Landoberfläche und deren einzelne Gestaltelemente in der Zeit eine Abfolge von "Entwicklungsstadien" mit den von Davis an-
gegebenen Gestaltmerkmalen durchlaufen. Zwar läßt sich die behauptete Abfolge nicht
an ein und derselben Landmasse beobachten (Davis schätzt den für einen Erosionszyklus erforderlichen Zeitraum auf bis zu mehrere Millionen Jahre), da die in der
Entwicklung voraufgegangene Gestaltmerkmale durch die Abtragung zerstört bzw. ver-
ändert worden sind (dies ist ja gerade die Hypothese), doch läßt sich bei geeigne-
ter Wahl der Randbedingungen (gleiches Gestein und gleiche Wassermengen) durch
Vergleich des Reliefs verschiedener Regionen die Aussage durchaus prüfen. Entsprechende Untersuchungen sind in neuerer Zeit auch tatsächlich durchgeführt worden.
So analysierte beispielsweise McConell die Hangwinkel in geologisch datierten,
durch Flüsse zerschnittenen glazialen Ablagerungen verschiedenen Alters.[22]

---

20) W. M. DAVIS/G. BRAUN (1911, S. 84 und 86)

21) W. M. DAVIS/A. ROHL (1912, S. 142)

22) McConell geht freilich von der Annahme aus und glaubt sie bestätigt zu finden,
daß die Dauer des Abtragungsvorganges nur zu Beginn der Entwicklung als relevante Größe zu betrachten ist. Von einem bestimmten Zeitpunkt an sind danach
die Hangwinkel in der Zeit konstant: "If given sufficient time, mean slope
evidently increases at a rapidly decreasing rate until it approaches the
equilibrium angle of its constituents, at which time mean slope neither increases nor decreases if the geomorphic system remains in a steady state."
(H. McCONELL, 1966, S. 722). Vgl. R. E. HORTON (1945, S. 366 ff.), der aufgrund
einer physikalischen Betrachtung der Hangabtragungsmechanismen zur gleichen
Auffassung gelangt.

Nun weist jedoch schon Hettner mehrfach[23] auf eine Eigentümlichkeit der Davis'schen
Hypothese hin, nämlich die Doppeldeutigkeit des Alters-Begriffs, die in folgender
und ähnlichen Formulierungen ihren Ausdruck findet:

"Die langsam wechselnden Landformen, die sich während der aufeinander folgenden
Stadien der Jugend, Reife und des Alters eines Erosionszyklus bilden, sind in ihrer Gestalt abhängig 1. von der Struktur der gehobenen Landmasse, 2. von der Art
der abtragenden Vorgänge (fluvial, glazial, äolisch etc., Anm. H. B.) und 3. von
der abgelaufenen Zeit oder mit anderen Worten von dem Stadium, bis zu dem diese
fortgeschritten sind."[24]

Alter ("age") bedeutet demnach einerseits die für das Erreichen eines bestimmten
Stadiums ("stade") erforderliche Zeit ("time"), andererseits aber auch das Stadium
("stade") selbst. In einer Replique auf die Kritik Hettners stellt Davis klar, daß
die entscheidende dritte Größe, die neben "Struktur" und "Vorgang" die Gestalt der
Erdoberfläche bestimme, nicht das Alter im Sinne von Zeit, sondern das Stadium
sei:

"One of the most pervading misunderstandings results in the discussion of the 'age'
of landforms instead of their 'stage' of development. ... As a matter of fact, not
age but stage of development is the third term; and, although stage of development
manifestly depends on the factor of time, it is practically determined not by measu-
ring the geological periods during which a given feature has been undergoing erosion
but simply by its visible form."[25]

Mit dieser Klarstellung wird Davis' Aussage über die die Gestalt des Reliefs be-
einflussenden Größen freilich sinnlos. Sie besagt nämlich jetzt, daß die Gestalt
des Reliefs vom Stadium der Entwicklung abhängig sei oder mit anderen Worten, da
die verschiedenen Stadien wie "Jugend", "Reife" und "Alter" selbst wieder nur
nach Gestaltmerkmalen (Gefälle des Flußbettes, Hangneigung, Grad der Aufzehrung
der Uroberfläche etc.) definiert sind: die Gestaltmerkmale (das Stadium) sind (ist)
von den Gestaltmerkmalen (dem Stadium) abhängig. In der Davis'schen Fassung ist
damit auch seine Hypothese über die Entwicklung bzw. Abfolge der Landformen zumindest einer direkten empirischen Prüfung entzogen. Wenn er die Zeit nicht mißt,
kann Davis nicht sagen, ob "alte" Formen tatsächlich älter als "junge" sind, kann

---

23) A. HETTNER (1912, S. 668) und ders. (1919, S. 347) sowie (1921, S. 3)

24) W. M. DAVIS/G. BRAUN (1911, S. 84)

25) W. M. DAVIS (1923, S. 319)

kann daher auch nicht prüfen, ob die "jungen" Formen den "alten" in der Entwicklung tatsächlich voraufgegangen sind. Damit sind zugleich aber auch seine Aussagen,
die sich auf die Abtragungsgeschwindigkeit beziehen, daß nämlich "die Dauer eines
Erosionszyklus da länger sei, wo der Aufbau der Landmasse sehr widerständig und
die Erosionsvorgänge schwach sind"[26], einer "Gegenüberstellung" entzogen.[27]

Nun will aber Davis offensichtlich seine Klarstellung nicht so ernstgenommen wissen, daß die Zeit als relevante Größe eliminiert werden soll. Dies beweist der
Einschub:
"... although stage of development manifestly depends on the factor of time...".

Davis will (und muß) also durchaus an der Behauptung festhalten, daß die Formentwicklung sich in der Zeit vollziehe, daß also ein Relief mit den Gestaltmerkmalen
der "Jugend" erst relativ kurze Zeit der Abtragung unterlegen habe, ein Relief
mit den Gestaltmerkmalen des "Alters" auch tatsächlich der Abtragungsdauer nach
alt ist. Seine Klarstellung bezieht sich also nicht auf seine Behauptung über die
Abfolge der Stadien, die "Beziehungen zur Vergangenheit", sondern nur auf das Prüfungsverfahren. Die Zeit soll nicht gemessen werden.[28] Offensichtlich schwebt
Davis also auch hier wieder ein 'indirektes' Verfahren vor. Was er beobachtbaren
"Tatsachen" gegenüberstellen will und auch selbst gegenüberstellt, sind allein
seine hypothetischen Aussagen über die Beziehungen der Formen untereinander:

Im folgenden soll nun gezeigt werden,
1. daß Davis, indem er eine Vielzahl von "Komplikationen" zuläßt, seine Hypothese
   über die Beziehungen von Formen untereinander derart erweitert, daß eine Prüfung

---

26) W. M. DAVIS/G. BRAUN (1911, S. 83)
27) Auch darauf weist bereits A. HETTNER (1912, S. 669) hin. Vgl. auch ders.
    (1921, S. 4)
28) "Evidently a longer period must be required for the complete denudation of a
    resistant than of a weak land-mass, but no measure in terms of years or cen-
    turies can now be given to the period needed for the effective wearing down of
    highlands to featureless lowlands.... The best that can be done at present is
    to give a conveniant name to this unmeasured part of eternity, and for this
    purpose nothing seems more appropriate than a 'geographical cycle'." (W. M.
    DAVIS, 1899, S. 483)

im strengen Sinne nicht mehr zu leisten ist und Davis daher selbst - ohne es
freilich einzugestehen - darauf verzichtet;

2. daß Davis der empirische Nachweis der Gültigkeit seiner Formentwicklungshypothese
nur durch einen Zirkelschluß gelingt, und schließlich

3. daß weder eine Beobachtung der von ihm behaupteten charakteristischen Formenvergesellschaftungen und Formenabfolgen die Bestätigung seiner hypothetischen Erklärungen erbringen können.

zu 1.:

Davis behauptet für jedes Stadium "eine natürliche, charakteristische und sehr bedeutsame Verknüpfung der verschiedenen Elemente einer Landschaft".[29] Diese 'Hypothese' erlaubt also, bei Auftreten eines Gestaltmerkmales auch das der anderen eines Stadiums zu behaupten.[30] Sieht man davon ab, daß Davis nicht expliziert, was
"steil" oder "flach", "starkes Gefälle" oder "flaches Gefälle", "breit" oder "schmal"
usw. heißt, gestattet die Hypothese also, prüfbare Aussagen abzuleiten.

Nun läßt Davis jedoch eine Reihe von Bedingungen zu, unter denen die für das jeweilige Stadium geforderte Korrelation von Gestaltmerkmalen nicht gegeben zu sein
braucht. Einmal unterstellt er die Möglichkeit einer Reihe von "Komplikationen"
während eines Zyklus (tektonische Bewegungen und Klimaänderungen), die z.B. zur
Folge haben können, daß ein Erosionszyklus im Stadium der Reife unterbrochen wird
und ein neuer mit jugendlicher Zerschneidung beginnt, daß also eine Landschaft zugleich Gestaltmerkmale eines reifen und jugendlichen Reliefs aufweisen kann.[31] Es
sind nun Komplikationen zu verschiedensten Zeiten und verschiedensten Malen möglich
und entsprechend die verschiedensten Formenvergesellschaftungen:

"Die Mannigfaltigkeit der Formen, die sich ableiten lassen, wenn man verschiedene
Unterbrechungen miteinander verbindet, ist natürlich unendlich."[32]

---

29) W. M. DAVIS/A. ROHL (1912, S. 72)

30) Für Davis ergibt sich aus seiner 'Hypothese' die Möglichkeit, "daß, wenn wir
einen Teil sehen, wir die anderen vermuten können". (W. M. DAVIS/A. ROHL, 1912,
S. 94)

31) W. M. DAVIS/A. ROHL (1912, S. 101 ff.) führen dafür eine ganze Reihe von Bei-
spielen an.

32) W. M. DAVIS/A. ROHL (1912, S. 159)

Diese Komplikationen ließen sich zwar unabhängig von ihren Auswirkungen auf das Relief prinzipiell nachweisen, praktisch aber ist es wohl nur schwer möglich, z.B. den Beweis zu erbringen, daß zum Zeitpunkt, als sich ein Relief im Stadium der Reife befunden hat, eine erneute Hebung der Landoberfläche stattgefunden hat. Davis verzichtet denn auch darauf, diesen Versuch überhaupt erst zu machen: "Es wird vielleicht aufgefallen sein, daß ich keinen einzigen historisch beglaubigten Fall einer Hebung von Landmassen angeführt habe, der die Voraussetzung stützen könnte, von der unsere deduktiven Betrachtungen ausgingen."[33]

Mögliche Einwände tut er dann freilich mit einem Argument ab, das auf einen Zirkel hinausläuft. Da er verbürgt sieht, daß überhaupt jemals irgendwo tektonische Bewegungen der Erdkruste stattgefunden haben, daher auch in jedem konkreten Fall als mögliche Komplikation in Frage kommen, setzt er lapidar hinzu: "...daher halten wir uns hauptsächlich an morphologische Zeugnisse...".[34]

Die Behauptung, daß tektonische Bewegungen in bestimmten Gestaltmerkmalen des Reliefs ihre Auswirkung haben, sieht er dadurch bestätigt, daß eben diese Gestaltmerkmale des Reliefs die tektonische Bewegung "bezeugen". Davis und seine Schule bewegen denn auch die Erdkruste bei jeder mit der Korrelation von Gestaltmerkmalen auftretenden Komplikation[35], so daß von Kritikern das ironisierende Motto in Umlauf gebracht wurde: "Wenn ich nicht mehr weiter kann, zieh' ich die Tektonik 'ran."

Doch nicht nur tektonische und klimatische "Komplikationen" können verhindern, daß die abgeleitete Korrelation von Gestaltmerkmalen tatsächlich anzutreffen ist. Auch bei "ungestörtem" Ablauf der Entwicklung ist es möglich, daß die Stadien von verschiedenen Elementen der Landschaft zu verschiedener Zeit erreicht werden: "Es liegt auf der Hand, daß diese drei reifen Stadien (Reife der Täler, Hänge und Hochländer, Anm. H. B.) nicht zu gleicher Zeit erreicht zu werden brauchen."[36]

33) W. M. DAVIS/A. ROHL (1912, S. 95)

34) W. M. DAVIS/A. ROHL (1912, S. 96)

35) H. WAGNER (1922, S. 390)

36) W. M. DAVIS/A. ROHL (1912, S. 183)

Dies hängt nach Davis vom Hebungsbetrag der Landmasse wie auch von der Härte des die Landmasse aufbauenden Gesteins ab. Müßig zu erwähnen, daß Davis bei seinen Reliefstudien selbst auf Schätzungen von Hebungsbeträgen verzichtet hat.

Die Empörung Hettners ist daher verständlich, wenn er schreibt:

"Beweise für die Richtigkeit von Annahmen, die der deduktiven Betrachtung als möglich erscheinen, werden ja jetzt überhaupt nicht mehr für nötig gehalten".[37]

Davis hält sich aber auch noch einen letzten Ausweg offen, der ihn dann endgültig von der Pflicht entbindet, seine Behauptungen empirisch einzulösen. Er begnügt sich damit, daß er überhaupt von ihm deduzierte Formelemente wiederfindet, um seine Ableitung bestätigt zu sehen:

"Es wird nicht möglich sein, ist jedoch auch nicht notwendig, daß jede Einzelheit unserer Schlußfolgerungsreihe eine Bestätigung findet, es wird genügen, wenn wir gewisse bezeichnende Glieder als richtig erkennen. Denn alle sind so innig mit einander verknüpft, daß wenn es uns gelingt, die Richtigkeit einer beschränkten Anzahl zu beweisen, die Richtigkeit der anderen sich dann von selbst ergibt."[38]

Es fällt nach all dem schwer, Davis mit Baulig im normativen Sinne den Titel eines "Master of method" zu verleihen. Man muß Davis allerdings zugestehen, daß er die noch heute geübte Forschungspraxis der Geomorphologie treffend reflektiert hat.

Zu 2.:

Ganz auf der Ebene der eben zitierten Argumente bewegt sich Davis auch mit der Beweisführung hinsichtlich der Richtigkeit seiner Hypothese der Formenabfolge. Das schließliche Ergebnis, die "Endform" des Abtragungsvorganges seines Erosionszyklus, ist eine flache Ebene, "Peneplain" oder auch "Rumpffläche". Allein das Vorkommen von Rumpfflächen beweist ihm die Gültigkeit des postulierten Entwicklungszyklus:

"Wenn wir heute abgetragene Rümpfe, sei es in geringer Meereshöhe, oder auch mehr oder weniger gehoben und zerschnitten antreffen, so ist diese Tatsache nicht nur dadurch von Interesse, daß sie uns die Endform einer Landmasse vor Augen führt... dies beweist uns, daß die Erosionszyklen nicht nur gedachte Schemata darstellen,

---

37) A. HETTNER (1914, S. 135) ; vgl. auch ders. (1927, S. 195)

38) W. M. DAVIS/A. ROHL (1912, S. 89). Vgl. auch das Zitat zu Anm. 19) dieses Abschnitts, S.78

sondern daß sie auch heute noch stattfinden, und daß während ihres Fortschreitens
die Landformen eine bestimmte Folge durchlaufen haben."[39]

Der Zirkel ist unverkennbar. Doch nicht genug damit. Davis glaubt durch den Nachweis der Existenz von Rumpfflächen ("Korrelation" von ganz flachen Flußläufen mit
fast eingeebneten Zwischentalscheiden) und der übrigen (nur z.t. beobachteten)
"Korrelationen" ja 'indirekt' auch seine Annahmen, die er seiner Deduktion zugrundegelegt hat, bestätigt.[40]

zu 3.:

Die Problematik dieses Prüfungsverfahrens soll am bereits erwähnten Beispiel der
"Beziehung" von Flußlängsprofil und Hangneigung erläutert werden, der zentralen
Beziehung in der Davis'schen Deduktion. Davis geht davon aus, daß das Transportvermögen von Flüssen von ihrer Fließgeschwindigkeit abhängt und daß die Fließgeschwindigkeit wiederum durch das Gefälle bestimmt ist; weiter, daß die Flüsse
durch Erosion und ggf. Akkumulation ein Längsprofil herzustellen bestrebt sind,
das es ermöglicht, allen von den Hängen zugeführten Schutt abzutransportieren;
und schließlich, daß steile ("junge") Hänge große Mengen groben Schutts und flache ("alte") Hänge geringe Mengen feinen Schutts liefern. Aus diesen Annahmen
zieht er den Schluß, daß Flüsse im Oberlauf bei im allgemeinen steilen Hängen ein
starkes Gefälle und so große Fließgeschwindigkeit haben, daß sie nicht nur den
von den Hängen zugeführten Schutt abzutransportieren, sondern darüberhinaus noch
den Talboden zu erodieren in der Lage sind; daß im Unterlauf dagegen bei im allgemeinen flachen Hängen ein geringes Gefälle und dementsprechend geringe Fließ-
geschwindigkeiten ausreichen, um den nur in geringen Mengen zugeführten, überdies
feinen Schutt abzutransportieren:

"Wo die reifen Flüsse in ihrem Unterlauf am größten sind, muß das Gefälle am geringsten sein, so daß hier der Fluß schon spätreif sein kann; wo die Oberläufe am
kleinsten sind, müssen sie das stärkste Gefälle besitzen, hier sind daher die klei-

---

39) W. M. DAVIS/A. RÜHL (1912, S. XI)

40) Vgl. H. LOUIS (1957, S. 10). W. PENCK (1924, S. 7 f.) kritisiert diese Forschungspraxis als einen "Versuch, aus den Formen des Landes allein deren endogene und exogene Entstehungsbedingungen zu ermitteln. Hierbei sind wie bei
der Auflösung einer Gleichung mit drei Größen, davon zwei Unbekannten, nur unbestimmte Ergebnisse zu erwarten".

nen Flüsse immer noch jugendlich. Die steilen Oberläufe fließen schnell in schmalen Kanälen dahin und sind deshalb imstande, trotz ihres geringen Volumens Schutt
an ihrem Talboden fortzufegen; die sanft geneigten, langsam sich bewegenden, breiten Unterläufe empfangen fast ausschließlich feineren Schutt, den sie dann auch
trotz ihres geringen Gefälles zu transportieren vermögen. In dieser Weise regelt
sich der Erosionsvorgang zur Zeit der allgemeinen Reife des Zyklus."[41]

Strahler z.B. hat nun aufgrund von Messungen nachgewiesen, daß tatsächlich eine
enge Beziehung zwischen Hangneigung und Flußlängsgefälle, wie sie von Davis "abgeleitet" worden ist, besteht.[42] Broscoe konnte überdies nachweisen, daß Flüsse
niedrigster Ordnung (die kleinsten und jüngsten Verzweigungen von Flußsystemen im
Oberlauf) das stärkste Gefälle haben und das Gefälle mit zunehmender Ordnung abnimmt, so daß die Flüsse höchster Ordnung (die Hauptströme im Unterlauf) das ge-
ringste Gefälle haben[43], ein Ergebnis, daß ebenfalls mit den Ableitungen Davis'
übereinstimmt. Hieraus nun freilich mit Davis schließen zu wollen, daß seine Annahmen, aus denen er diese Beziehungen hergeleitet hat, gültig seien, erweist
sich als unzulässig: Wie bereits erwähnt, haben Leopold und Maddock, ebenfalls
aufgrund von Messungen, nachgewiesen, daß die Fließgeschwindigkeit von Flüssen
in der Regel flußabwärts nicht ab- sondern zunimmt[44].

Kritik an Davis' "erklärender Beschreibung" ist jedoch nicht so sehr anzumelden
gegenüber den Erklärungen, die Davis für die Korrelationen einzelner Gestaltmerkmale gegeben hat (er war hier gebunden an die damals vorliegenden Erkenntnisse),
als vielmehr gegenüber der von Davis praktizierten Methode der indirekten Prüfung
seiner Hypothesen, die es ausschließt, die Analyse des kausalen Zusammenhangs der
korrelierten "Elemente" voranzutreiben.

Hält man sich diesen Umstand vor Augen, so scheint es erstaunlich, in welchem Maße
diese Methode die Forschungspraxis der Geomorphologie bestimmt hat. Die amerikanische Geomorphologie ist mehr als 50 Jahre durch die Davis'sche Schule beherrscht

---

41) W. M. DAVIS/A. ROHL (1912, S. 52 f.)
42) A. N. STRAHLER (1950a); vgl. auch der. (1950, S. 212). Strahler setzt aller-
    dings hinzu: "In conclusion, it might bei added, that the cycle-concept of
    Davis does not seem well adapted to expression of the dynamics of the erosion
    process." (1950, S. 212)
43) A. J. BROSCOE (1959)
44) Vgl. Abschnitt 3.1 dieser Arbeit, Anm. 42

worden[45]. In der deutschsprachigen Geomorphologie stieß Davis zwar bereits frühzeitig auf Abwehr; doch gerade die Kritiker weisen auf den Einfluß "des Meisters
und seiner Gefolgsleute" auch im deutschen Sprachbereich hin[46]. Noch die "Morphologische Analyse" Walter Pencks versucht, den Davis'schen Ansatz fortzuent-
wickeln.

Davis' Einfluß bleibt aber nur solange erstaunlich, wie man ihm und der damaligen
Geomorphologie unterstellt, daß von ihnen eine "Erklärung" von Verhaltenskonstanzen im naturwissenschaftlichen Sinne intendiert gewesen sei[47].

Die Auflösung des Widerspruchs zwischen der von Davis mit soviel Nachdruck vertretenen Forderung nach Erklärung der Oberflächenformen einerseits, seiner Methode andererseits, zugleich aber auch eine Erklärung dafür, daß die Geomorphologen
mit der Methode der "erklärenden Beschreibung" so erfolgreich glaubten arbeiten zu
können, liegt in dem Interesse, das sich mit der "erklärenden Beschreibung" verband, bzw. in der Funktion, die der Geomorphologie innerhalb der geographischen
Fragestellung zugewiesen wurde. Die Geomorphologie bzw. Physiogeographie soll
nach Davis und damals herrschender Auffassung die "Kenntnis" der Reliefgestalt
von Landschaften vermitteln, um so Material an die Hand zu geben, das Verhältnis
"des Menschen" zu seiner "natürlichen Umgebung" zu beschreiben und schließlich die
Lokalisation ökonomischer und sozialer Phänomene zu erklären:

"Der Geograph muß daher die verschiedenen Landformen kennen, er muß ihre Böden und
ihre Erzeugnisse berücksichtigen, um dann die Beziehungen aufdecken zu können, die
zwischen Mensch und Erde bestehen."[48]

In diesem Zusammenhang ist es nun freilich nicht so sehr von Belang, unter welchen
Bedingungen bestimmte Naturprozesse ablaufen, bestimmte Effekte (hier: Oberflächen-

---

45) Vgl. J. LEIGHLY (1955)
46) Vgl. A. HETTNER (1921, S. 1). A. SUPAN (1916, S. III) hebt die "große Verbrei-
    tung, die die grundstürzenden Anschauungen der amerikanischen Schule durch die
    unermüdliche Propaganda von Prof. Davis auch in europäischen Kreisen gewonnen
    haben", hervor und fügt hinzu: "Einfache Ablehnung ist nicht mehr möglich, da
    die amerikanische Theorie nicht bloß durch frappierende Neuheit Anhänger ge-
    wonnen hat, sondern auch nach meiner Überzeugung einen richtigen und fruchtba-
    ren Kern enthält."

47) Diese Auffassung vertritt H. BAULIG (1950, S. 189), wenn er Davis das Interesse
    unterstellt, "to proceed from visible results to invisible causes".

48) W. M. DAVIS/G. BRAUN (1911, S. 103)

formen) produziert werden, als vielmehr das bloße Vorhandensein bestimmter, für
die damalige geographische Theorie des ökonomischen und sozialen Verhaltens des
Menschen relevanter Züge des Reliefs. Die Korrelationen von Formmerkmalen sind weniger Explanandum als Explanans[49].

Zwar enthält die Davis'sche Darstellung seiner Methode Argumente, die der Methodologie der Naturwissenschaften entlehnt sind. Diese Versatzstücke naturwissenschaftlicher Methodologie jedoch wie Baulig für die Methode der erklärenden Beschreibung selbst zu nehmen, zielt an Davis' eigenen Vorstellungen vorbei. Für Davis ist
nicht die Erklärung von Oberflächenformen als Ergebnis von Naturprozessen, sondern
die möglichst exakte Beschreibung des Reliefs bestimmter Erdgegenden primäres An-
liegen der Geomorphologie bzw. Physiogeographie. Für Davis wird die Arbeit erst
dann "echt geographisch", wenn die Erklärung bereits gefunden ist[50]. Er kann daher auch die Entscheidung, ob Oberflächenformen als Ergebnis von Naturprozessen
erklärt werden sollen oder nicht, überhaupt zur Diskussion stellen und dem "Tem-
perament" des einzelnen Geographen überlassen:

"Vielleicht ist es eine Temperamentsache und nicht eine geographische Notwendigkeit, wenn man Erklärungen fordert, anstatt sich mit einfachen empirischen Beschreibungen zu begnügen."[51].

Für Davis ist "Erklärung" nicht, wie in der Tradition der Naturwissenschaften seit
der Renaissance, selbstverständliches Konstituens von Wissenschaft; die "Vorzüge"
seiner "Erklärungen" ergeben sich ihm vielmehr erst im Zusammenhang des Interesses an einer Beschreibung des Reliefs. Die Erklärung "befriedigt" ihn,
- weil sie ihm die Kategorien für eine exakte und kurze Beschreibung an die Hand
gibt[52],

---

49) Dieser Auffassung ist offensichtlich auch Strahler, wenn er schreibt: "As a
cultural pursuit, Davis' method of analysis of landscapes is excellent.... As
a branch of natural science it seems superficial and inadequate."

50) W. M. DAVIS/A. RÜHL (1912, S. 176)

51) W. M. DAVIS/A. RÜHL (1912, S. 203)

52) "Je vollständiger das Schema entwickelt ist, desto größer ist sein praktischer
Wert, denn mit den Namen idealer Formen ... werden die bestehenden Landformen
am besten beschrieben." (W. M. DAVIS/G. BRAUN, 1911, S. 88), Hervorh. H. B.;
vgl. auch W. M. DAVIS/A. RÜHL (1912, S. 176)

- weil sie anderen ("Hörern") erlaubt, sich aufgrund einer Beschreibung nach diesen Kategorien eine hinreichend genaue Vorstellung auch vom Relief einer (fernen)
Erdgegend zu machen, die sie selbst nicht gesehen haben[53];
- weil sie ihm gestattet, "das Gedächtnis beim Behalten der einzelnen Tatsachen
(zu) unterstützen"[54], er eher in der Lage ist, "die Tatsachen in ihrem natürlichen Zusammenhang im Gedächtnis zu behalten"[55] und schließlich,
- weil die Lernbereitschaft von Schülern im Geographieunterricht steigt, wenn nicht
allein isolierte Tatsachen referiert, sondern in "interessanten Bezügen zu andern
Dingen" dargestellt werden[56].

Erweist sich somit, daß Davis' "erklärende Beschreibung" der Oberflächenformen der
Erde von Anfang an nicht auf eine Beschreibung der Formungsmechanismen und damit
auf eine Erklärung der Entstehung von Oberflächenformen, sondern allein auf eine
klassifikatorische Beschreibung des Reliefs zielte[57], so zeichnet sie sich doch
gerade durch eine für diese Zielsetzung schwerwiegende Schwäche aus. Indem das der
"erklärenden Beschreibung" zugrundeliegende Modell vom konkret vorliegenden Relief
weitgehend abstrahiert, muß Davis über Zusatzhypothesen eine Vielzahl von zusätz-
lichen Randbedingungen in Form von "Komplikationen" in das Modell einführen, um
seinen Beschreibungswert zu retten. Das Zyklen-Modell selbst wird dadurch für eine
Systematisierung der Formenvielfalt des konkreten Reliefs weitgehend irrelevant[58]:
der Formenschatz der Erdoberfläche ist nur als Ergebnis überwiegend von "Störungen" und "Komplikationen" beschreibbar. Hierin ist der Anlaß dafür zu suchen, daß
Davis' Zyklen-Modell, wenngleich es anfänglich aufgrund seiner einfachen und ein-

---

53) W. M. DAVIS/A. RÜHL (1912, S. 161). Vgl. auch H. WAGNER (1922, S. 389)
54) W. M. DAVIS/G. BRAUN (1911, S. III)
55) W. M. DAVIS/A. RÜHL (1912, S. 203). Vgl. ebda. S. 13, 72 und 103
56) W. M. DAVIS/A. RÜHL (1912, S. 14)
57) Vgl. W. PENCK, (1914, S. 6)
58) A. Hettners Kritik, daß "das Davis'sche Landschaftsbild...von tödlicher Leere
und Langweiligkeit" sei (1919, S. 349) und daß "jede Charakteristik einer Landschaft bei Davis und seinen Anhängern so unendlich leer und öde" erscheine
(1921, S. 5), ist daher berechtigt, sofern sie sich auf den 'Beschreibungswert'
des Modells bezieht.

leuchtenden "Deduktion" eine große Zahl begeisterter Anhänger fand, innerhalb der deutschen Geographie und Geomorphologie schon bald auf Abwehr stieß.[59]

3.3 DIE FORMULIERUNG DES PROGRAMMS DER KLIMATISCHEN GEOMORPHOLOGIE IM KONTEXT DER AUSEINANDERSETZUNG DER DEUTSCHEN GEOGRAPHIE MIT DAVIS

Die Kritik der deutschen Geographie an Davis setzt, soweit sie sich nicht im Lamentieren über die neue Terminologie[1] oder in Polemik gegen "den Amerikaner", die "amerikanische Schule" erschöpft[2], auf zwei Ebenen an. Einmal wird, wie bereits angedeutet, der Erklärungswert der Davis'schen Aussagen über die Gesetzmäßigkeiten der Formentwicklung in Zweifel gezogen. Kritisiert wird in diesem Zusammenhang nicht nur, daß Davis es unterlassen hat, die Gültigkeit seiner Aussagen im konkreten Fall zu prüfen[3], sondern auch, daß es sich gar nicht um prüfbare Aussagen handelt[4]. Davis gebe also nur vor, Erklärungen zu liefern, umgehe vielmehr durch seinen doppeldeutigen Begriff von "Alter" gerade präzise Aussagen über die Mechanismen[5], die zur Ausbildung bestimmter Formen und Formmerkmale führten, lasse die

---

59) Es kann an dieser Stelle nicht geklärt werden, warum Davis' Konzeption demgegenüber die Geomorphologie in den USA trotz dieser Schwäche noch relativ lange beherrscht hat, bevor es seit der Mitte dieses Jahrhunderts durch andere Modelle zunehmend abgelöst wurde - freilich nicht aufgrund seines eingeschränkten 'Beschreibungswertes', sondern infolge seines nur begrenzten Erklärungswertes. Um die Entwicklung der amerikanischen Geomorphologie verständlich zu machen, bedürfte es einer genauen Analyse sowohl der amerikanischen Geographie als auch der institutionellen Verankerung der Geomorphologie gleichzeitig in der Geographie und Geologie. Vgl. dazu J. LEIGHLY (1955) sowie R. J. CHORLEY (1967) und ders. (1970).

1) S. PASSARGE (1912, S. 149 ff.), A. HETTNER (1913, S. 157) und M. FRIEDERICHSEN (1914, S. 24 ff.)

2) "Davis selbst ist ja die Naivität des Amerikaners zugute zu halten, für den die Welt erst mit Amerika und ihm selbst beginnt; aber ich verstehe nicht ganz, wie auch deutsche Forscher das aussprechen können." (A. HETTNER, 1921, S. 2). S. PASSARGE (1912 a, S. 148) wirft Davis vor, daß er "den Hörern verführerische Bilder vorzaubert", "Irrlichteleieren und Hypothesen schmieden" gefördert habe. Vgl. auch A. HETTNER (1919, S. 351)

3) A. HETTNER (1914, S. 135) und ders. 1919, S. 350 f.); im Prinzip auch H. WAGNER (1922, S. 390)

4) A. HETTNER (1921, S. 4)

5) A. HETTNER (1912, S. 669) und ders. (1919, S. 346 und 349); S. PASSARGE (1912a, S. 8)

"Kräfte" und "Vorgänge", deren Analyse erst eine Erklärung der Formen liefern könne, außerhalb der Betrachtung[6]. Dieser Strang der Kritik konfrontiert die Davis'sche Lehre mit dem durch die empiristische Tradition von den exakten Naturwissenschaften abgezogenen Wissenschaftsideal, das Davis ja selbst propagiert, solang er methodologisch argumentiert.

Darüberhinaus bringt die deutsche Geographie jedoch gegen Davis eine Reihe von Argumenten bzw. Postulaten vor, deren Plausibilität sich nur vor dem Hintergrund einer ganz anderen Tradition ergibt. Es sind dies Argumente, die im wesentlichen die Relevanz der Davis'schen Theorie im Rahmen der Geographie in Zweifel ziehen.

So argumentiert Hettner z.B. gegen die Deutung von Talterrassen als Indikatoren für eine Neubelebung der Erosion infolge tektonischer Störungen des normalen Zyklus:

"Und in soweit die Annahme von Zyklen auf solche Talterrassen begründet ist, wird sich sachlich nichts dagegen einwenden lassen; freilich brauchen solche Terrassen keine große Bedeutung für die Physiognomie der Landschaft zu haben."[7].

Nicht die Gültigkeit der Erklärung bestimmter Formmerkmale wird hier also bezweifelt, sondern die Bedeutung des erklärten Formmerkmales für die "Physiognomie der Landschaft". Die Theorie wird daran gemessen, was sie für die "Landschaftsschilderung" leistet[8]. Und in diesem Zusammenhang wird auf "Vollständigkeit", "Neutralität" oder "Objektivität" der Beschreibung gegenüber "Abstraktion", "Schematismus" und "Einseitigkeit" oder "Voreingenommenheit" insistiert[9]. Nun ist jedoch klar, daß jede Beschreibung bereits eine Auswahl relevanter Merkmale treffen muß, daß es

---

6) A. HETTNER (1912, S. 668) und ders. (1919, S. 348 f.); S. PASSARGE (1912, S. 147) und M. FRIEDRICHSEN (1914, S. 28)

7) A. HETTNER (1914, S. 134)

8) So argumentiert S. PASSARGE (1912, S. 160) gegenüber Davis: "Der maßgebende Grundsatz bei der Landschaftsschilderung muß m.E. der sein, daß man die charakteristischen Erscheinungen erwähnt und damit von der Landschaft ein klares Bild gibt." (Hervorh. H. B.). M. FRIEDRICHSEN spricht in diesem Zusammenhang von "Landschaftsschilderungen morphologischer Art" (1914, S. 26) und auch A. HETTNER (1912, S. 5 und 6) geht es um das "Landschaftsbild".

9) Vgl. A. HETTNER (1912, S. 675), (1919, S. 348) und (1921, S. 6) sowie S. PASSARGE (1912, S. 248 f. und S. 291) und A. PHILIPPSON (1919, S. 24 f.)

eine "Neutralität" oder "Objektivität", die nicht schon immer von der Fülle der Erscheinungen im Hinblick auf eine Theorie von der Wirklichkeit abstrahiert, nicht geben kann[10]. So polemisiert ja auch Passarge gegen Davis, daß die Ausdrücke "junge - alte - reife Talformen...eine ebenso unzweckmäßige Bezeichnung (seien) wie rote - grüne - blaue Talformen".[11] Passarge glaubt sich offensichtlich mit dem Leser in der Vorstellung einig, daß die Farbe von Tälern in jedem Fall für eine wie auch immer geartete sinnvolle Beschreibung des fluvialen Abtragungsreliefs irrelevant sei[12]. Das Beharren auf "Neutralität", "Objektivität" usw. heißt also offensichtlich nicht nur, daß alle Merkmale, sondern vor allem, daß alle diejenigen Merkmale bei einer morphologischen Beschreibung der Landschaft zu registrieren seien, die für eine mögliche sinnvole Theorie relevant sein können. Daß die deutschen Geographen einen bestimmten Typ von Theorie im Auge haben, wenn sie Davis "Einseitigkeit" und "Schematismus" vorwerfen und die "Fülle der Erscheinungen"[13] berücksichtigt wissen wollen, wird etwa in folgender Formulierung deutlich:

"Diese Typen (von Tälern, Anm. H. B.) dürfen nicht auf eine Eigenschaft, sondern müssen auf die Gesamtheit der Eigenschaften begründet werden, wobei aber den Eigenschaften, die im Landschaftsbilde stärker hervortreten und auch für die Lebewelt und im besonderen den Menschen wichtiger sind, größere Bedeutung zuzuerkennen ist als den übrigen Eigenschaften."[14]

Gefordert wird also eine Beschreibung der Oberflächenformen, die Angaben über diejenigen Eigenschaften des Reliefs enthält, die im Rahmen einer geographischen Theo-

---

10) Vgl. G. HARD (1971, S. 15) sowie H. LOUIS (1968, S. V f.)

11) S. PASSARGE (1912, S. 160)

12) Daß dieses Einverständnis zumindest nicht bei allen Geographen vorauszusetzen ist, belegt die landschaftskundliche Literatur hinlänglich, wo immer wieder auf die Bedeutung der Farben, ja sogar der Gerüche und Töne für den Charakter der Landschaft hingewiesen wird. Vgl. G. HARD (1970)

13) A. HETTNER (1921, S. 6)

14) A. HETTNER (1912, S. 676). HETTNER (1921, S. 5) formuliert dies auch folgendermaßen: "Wenn ich im Geiste nur mehr oder weniger tief eingeschnittene Rinnen und mehr oder weniger steil geneigte Hänge vor mir sehe, so weiß ich noch längst nicht, wie die Landschaft aussieht, und kann auch ihre Wirkungen auf Pflanzen- und Tierwelt und auf den Menschen und seine Arbeit nicht beurteilen." Vgl. auch M. FRIEDRICHSEN (1914, S. 24). Ganz ähnlich kritisiert übrigens später dann H. SCHREPFER (1926, S. 334) W. Pencks Hangentwicklungsmodell: "Aber die Bedeutung eines Hanges für Vegetation, Besiedlung, Wirtschaft usw. hängt weniger davon ab, ob er konkav oder konvex gekrümmt ist, sondern davon, wie steil er geneigt ist. Für die Länderkunde kommt weniger in Frage, welche Hangprofile auftreten, sondern wie das Relief beschaffen ist."

rie über die Bedeutung des Reliefs (und der Natur) für "den Menschen und seine Kultur"[15] von Bedeutung sind. Friederichsen faßt daher die Kritik vor allem Hettners und Passarges korrekt zusammen, wenn er schreibt, Davis werde zum Vorwurf gemacht, "er gehe, als Geograph zu einseitig, nur auf die erklärende Beschreibung der Landformen der festen Erdoberfläche aus".[16] In scheinbarem Widerspruch dazu steht Passarge mit seinem Einwand, daß Davis die Physiogeographie zur "Dienerin" der Anthropogeographie machen wolle; es sei aber "überhaupt bedenklich, eine Wissenschaft zur Dienerin einer anderen machen zu wollen"[17]. Doch kritisiert Passarge ja auf der anderen Seite ebenfalls, daß die "detaillierten Oberflächenformen, um die es sich bei Davis in erster Linie dreht, ...oft genug für den Menschen bedeutungslos" seien[18]. Der Einwand, daß Davis die Geomormphologie zur "Dienerin" der Anthropogeographie gemacht habe, richtet sich also offensichtlich nicht gegen das Ziel, anthropogeographisch relevante Gestaltmerkmale des Reliefs klassifikatorisch zu erfassen, sondern gegen das seinem Klassifikationssystem zugrundeliegende Modell[19]. Passarge selbst zielt demgegenüber auf ein Klassifikationssystem, das, indem es die Formmerkmale des Reliefs einer bestimmten Erdgegend auf die jeweiligen Bedingungen("Kräfte") des Klimas bzw. der "Folgeerscheinungen des Klimas, ...Pflanzendecke, Verwitterungsboden und Bewässerung"[20] zu-

---

15) S. PASSARGE (1913, S. 124)

16) M. FRIEDERICHSEN (1914, S. 24), Hervorh. H. B.; A. HETTNER (1919, S. 349) urteilt über Davis' "Landschaftsbild": "Für die geographische Auffassung genügt es nicht".

17) S. PASSARGE (1913, S. 123)

18) S. PASSARGE (1913, S. 123)

19) Passarge konzediert, Davis wolle "im Grunde genommen gar nicht bei den morphologischen Landschaftstypen stehen bleiben, will vielmehr weitergehen unter Berücksichtigung von Klima, Vegetation, kurz der Natur des Landes die Grundlagen für die Anthropogeographie schaffen. Will er doch die Landschaft von dem Gesichtspunkt aus betrachten: wie wirkt sie auf den Menschen und seine Kultur ein?" Passarge bemerkt dazu: "Nun ist aber der Gedanke, der Anthropogeographie eine Grundlage zu schaffen, auf der sie sich aufbauen kann, zweifellos richtig." und schließlich: "Wenn man auch dieses Ziel, das sich Davis in seiner Physiogeographie gesteckt hat, als richtig anerkennen will, so ist es doch fraglich, ob der von ihm eingeschlagene Weg der richtige war. ...Hängen doch die Kulturbedingungen, die ein Land dem Menschen darbietet, von ganz anderen Faktoren als von dem geomorphologischen Landschaftstypus ab." (S. PASSARGE, 1913, S. 123 f.)

20) S. PASSARGE (1926, S. 174)

rückführt, beides leistet: eine Erklärung der Oberflächenformen und zugleich - quasi automatisch, ohne zur "Dienerin" zu werden - Aussagen über die Existenz anthropogeographisch bedeutsamer Naturbedingungen liefert. Eine Wissenschaft ist danach nur dann "Dienerin" einer andern oder, wie Passarge sich an anderer Stelle ausdrückt: "ein unfruchtbarer Zwitter"[21], wenn sie sich theoretisch nicht sinnvoll in diese einordnen läßt, gleichwohl aber versucht wird, sie ihr (als etwas dann Fremdes) einzufügen. Da Passarge diesen Vorwurf an Davis richtet, hat er offensichtlich den Bruch zwischen dem in Davis' Modell angelegten theoretischen Anspruch und seinem geographischen Ziel der Beschreibung konkreter Reliefausschnitte erkannt. Passarge zieht daraus dann jedoch nicht die Konsequenz, daß der theoretische Anspruch des Modells einzulösen sei, sondern besteht auf einem Klassifikationssystem, das sich der Geographie bruchlos einordnen läßt, "der Anthropogeographie eine Grundlage zu schaffen" vermag und nicht Gestaltmerkmale einschließt, die "für den Menschen bedeutungslos" sind. Diesen Anspruch sieht Passarge durch eine "Methode" verwirklicht, die sowohl die "gesetzmäßige" Verbreitung bestimmter Reliefmerkmale analysiert, wie auch - im Gefolge davon, indem sie sie in Beziehung setzt zur gesetzmäßigen Verbreitung anderer Naturerscheinungen - die Zusammenhänge der Reliefmerkmale mit diesen Naturerscheinungen[22]. Ganz ähnlich argumentiert Hettner:
"Für die Geographie ist die Hauptsache immer die Länderkunde; eine Erscheinung der Erdoberfläche ist nur dann geographisch, wenn deren Platz bestimmt und wenn sie in Zusammenhang mit den anderen Erscheinungen derselben Erdstelle gebracht werden kann."[23]

---

21) S. PASSARGE (1912, S. 148)

22) "Sodann aber hat obige Methode den Vorteil, daß sie sich im großen und ganzen an bestimmte geographische Regionen anlehnt, und daß man damit gleichzeitig einen Überblick über die gesetzmäßige geographische Anordnung der Kräfte und Formen erhält. Eine solche geographische Gruppierung muß aber zu einem sicheren Verständnis der in jede Region gehörigen Formen führen und den Blick für das Erkennen der für jede Region charakteristischen Formen schärfen." (S. PASSARGE, 1912, S. 249); vgl. auch S. 142 f.: "...so untersucht die Geographische Morphologie die geographische Verbreitung der einzelnen Landschaftsformen und sucht ihre Existenz aus dem Zusammenwirken der verschiedenen Kräfte zu erklären." sowie ders. (1912a, S. 7): Die Aufgabe der geographischen Morphologie bestehe darin, "die Einzel- und Landschaftsformen über die Erdoberfläche hin zu verfolgen und ihr gesetzmäßiges Auftreten festzustellen".

23) A. HETTNER (1921, S. 5); vgl. auch A. HETTNER (1927, S. 172): "Es ist die Verschiedenheit von Ort zu Ort und das Zusammensein und Zusammenwirken mit den anderen Erscheinungen derselben Örtlichkeit, was sie (die Geographie, Anm. H. B.) interessiert." Vgl. auch F. HAHN (1914, S. 123)

Davis dagegen habe nicht nur wichtige Merkmale des Reliefs unbeachtet gelassen, sondern könne auch, da er die örtlichen Unterschiede des Reliefs überwiegend auf unterschiedliches "Alter", die unterschiedliche Dauer des seit der tektonischen Verstellung abgelaufenen Abtragungsprozesses, zurückführe, weder die Verbreitungsgesetze noch die Zusammenhänge mit anderen Naturerscheinungen in den Blick bekommen[24], mit anderen Worten: Davis' "Erklärende Beschreibung" ist keine geographische Theorie der Oberflächenformen. Diese Argumentation greift auf eine Denkfigur zurück, die in der deutschen Geographie und Geomorphologie nicht neu ist. So formuliert schon Richthofen in seiner Leipziger Antrittsrede von 1883, der Geograph sei gehalten, bei den von ihm untersuchten Erscheinungen "nach ihrem ursächlichen Zusammenhang mit der örtlichen Bodenplastik, der örtlichen Lage auf dem Erdball und der ganzen Summe örtlicher Faktoren zu fragen"[25]. Die Kritik an Davis wird denn auch nicht müde, die Zurückbesinnung auf die Tradition der deutschen Geomorphologie zu fordern[26].

Wiewohl die Kritik an Davis, ganz im Rahmen der Tradition der Kräftelehre, den alten Gegensatz zwischen empiristischem Wissenschaftsideal und geographischer Zielsetzung reproduziert (den ja auch Davis nicht aufgelöst hat), kommt sie dennoch zu einer Verschiebung der Akzente im Programm der Geomorphologie, die eine neue Phase geomorphologischer Forschung einleitet. Das Beharren auf der Analyse der "geographischen" Verbreitung einerseits, des Zusammenhangs mit den anderen "geographischen" Erscheinungen andererseits, rückt eine Variable ins Zentrum der geomorphologischen Erklärung, die, wenn sie als Ursache der örtlich unterschiedlichen Oberflächenformen genommen wird, die Erfüllung der "geographischen" Pflicht der Geomorphologie sicherzustellen scheint: das Klima. Sieht man mit Passarge die Aufgabe der geographischen Morphologie darin,

24) A. HETTNER (1921, S. 114) fordert ein Klassifikationssystem, das "an die Auffassung der regionalen Verschiedenheit des Klimas in Gegenwart und Vergangenheit anknüpft, und...daher ohne weiteres die geographische Verteilung der Oberflächenformen zeigt, während uns die auf das Alter begründeten...Bezeichnungen darüber nichts aussagen".

25) F. v. RICHTHOFEN (1883, S. 12)

26) Nach A. HETTNER (1921, S. 6) "ist unsere bisherige Theorie auf dem richtigen Wege gewesen". Vgl. auch M. FRIEDERICHSEN (1914, S. 29)

"die Einzel- und Landschaftsformen über die Erdoberfläche hin zu verfolgen und ihr gesetzmäßiges Auftreten festzustellen"[27]),

so ist dieser Schritt konsequent:

"Im wesentlichen sind zwei große Gruppen, endogon-morphologische und klimatisch-morphologische Regionen zu unterscheiden. In ersteren sind...die Ursachen der Verbreitung...zum großen Teil unbekannt. Viel besser gelingt es, die auf Verschiedenheit des Klimas beruhenden verschiedenen Ausräumungs- und Aufschüttungslandschaften in ihrem gesetzmäßigen Auftreten zu verfolgen, weil wir hier die Ursachen besser zu übersehen imstande sind."[28])

Erstmals scheint sich eine Möglichkeit zu eröffnen, den Anspruch einer Erklärung der Oberflächenformen und den einer Funktionalisierung der Geomorphologie für eine geographische Theorie der Abhängigkeit des Menschen von der Natur zur Deckung zu bringen. So schreibt denn auch Hettner:

"Hatte man anfangs nur an die Abhängigkeit der Oberflächenformen von der Gesteinsbeschaffenheit gedacht, so erkannte man immer mehr auch ihre Abhängigkeit vom Klima und rückte sie dadurch immer mehr in den Bereich der Geographie."[29])

Und noch Büdel begründet 1963 die "Oberordnung" des Klimas über alle anderen Variablen folgendermaßen:

"Demgegenüber zeigen die Klimaregionen auf der Erde ihre große gesetzmäßige Anordnung und dieser entspricht die analoge der großen Pflanzenregionen (ja weiterhin sogar die der menschlichen Landnutzung). Alle diese direkten und indirekten Klimawirkungen zusammen bestimmen ihrerseits den Kombinationstyp der Formbildungsvorgänge..., der an jeder Erdstelle in ganz spezifischer Weise aktiv ist. Damit wird die Landformung (Morphogenese) in das große Kontinuum der regelhaften zonalen Wandels der geographischen Gesamtstruktur einbezogen. Die Hervorhebung ihrer klimatischen, d.h. ihrer beherrschenden und zugleich einzigen gesetzmäßigen Gebundenheit macht die Geomorphologie in Wahrheit erst zu einer Teilwissenschaft der Geographie."[30])

---

27) Vgl. Anm. 22 dieses Abschnitts

28) S.PASSARGE (1912a, S. 7). Vgl. auch ders. (1912, S. 284 ff.), (1924, S. 332 f.) und (1924b, S. X f.) sowie S. SUPAN (1916, S. 621), H. WAGNER (1922, S. 369), A. PHILIPPSON (1924, S. 346 f.) und A. PENCK (1928, S. 37)

29) A. HETTNER (1927, S. 99 f.). Vgl. auch ders. (1911b, S. 425)

30) J. BÜDEL (1963, S. 272). Übrigens ist der Gedanke, daß das Klima, die "exogenen Kräfte" und "- Kraftwirkungen" gegenüber den "endogenen", also Tektonik und Gesteinsverhältnissen, regelhaft verbreitet sei, nicht neu. Vgl. F. RATZEL (1881, S. 178 f.), A. PENCK (1883, S. 80), F. v. RICHTHOFEN (1883, S. 17 f.) und A. SUPAN (1896, S. 342) Zum leitenden Gesichtspunkt der Analyse der Oberflächenformen wird er jedoch erst mit der aus der Kritik an Davis sich entwickelnden Klimatischen Geomorphologie.

Der in dieser Weise geographisch legitimierte Ansatz der klimatischen Geomorphologie, die Oberflächenformen nicht mehr wie Davis nach ihrer Zugehörigkeit zu Entwicklungsstadien tektonisch gehobener Krustenstücke oder wie später dann Walther Penck nach der Intensität von Krustenbewegungen, die die Formentwicklung initiieren und begleiten, sondern nach örtlich variierenden klimatischen Bedingungen ihrer Entstehung zu klassifizieren[31], wird von seinen Anhängern natürlich auch unter immanent-geomorphologischem Gesichtspunkt als ein Fortschritt gegenüber den "Krustenbewegungstheorien"[32] angesehen. Als Beleg für die größere Fruchtbarkeit ihres Ansatzes wird von den Vertretern der klimatischen Geomorphologie die Tatsache angeführt, daß es aufgrund von Beobachtungen auf der Basis der Annahme klimatisch bedingter Unterschiede der Oberflächenformen gelungen sei, innerhalb des schon traditionell auf hinreichend feuchtes Klima zurückgeführten Bereiches der fluvialen Abtragung mehrere "große Einheiten gesetzmäßiger Beeinflussung des Reliefs durch das Klima" zu spezifizieren[33].

---

31) Die klimatische Morphologie folgt damit im Prinzip einem Vorschlag Alfred Hettners, den dieser in Form der rhetorischen Frage formuliert, "ob die Formmerkmale, die als Merkmale der Entwicklungsstufe angeführt werden, das auch wirklich sind, d.h. einander folgen und aus einander hervorgehen, oder ob sie nicht vielleicht vielmehr unter verschiedenen Bedingungen des inneren Baus und des Klimas nebeneinander stehen, also überhaupt keine Entwicklungsstufen, sondern verschiedene Arten der Entwicklung darstellen". (A. HETTNER, 1912, S. 670) Da Hettner zu diesem Zeitpunkt noch, ebenso wie Davis, nur nivales, humides und arides Klima unterscheidet (vgl. A. HETTNER, 1914, S. 138) und erst einige Jahre später über diese Klimagliederung hinausgeht (vgl. A. HETTNER, 1919, S. 348), bietet Davis der in diesem Vorschlag implizierten Kritik, daß er die unterschiedlichen klimatischen Bedingungen nicht genügend berücksichtige, keine Angriffsfläche. Die Tatsache, daß diese Kritik dennoch, lange bevor die klimatische Geomorphologie sie durch empirische Befunde absichern konnte, als triftig erachtet wurde, belegt einmal mehr, daß der aus der Kritik an Davis sich entwickelnde Ansatz der klimatischen Geomorphologie seine Wurzeln eher im geographischen Weltbild als in der geomorphologischen Empirie hat.

32) H. LOUIS (1957, S. 21) faßt unter "Krustenbewegungstheorien" die Zyklentheorie von Davis und Walther Pencks Theorie der "aufsteigenden" und "absteigenden" Entwicklung sowie diesen verwandte Theorien zusammen.

33) J. BÜDEL (1950, S. 71). Ähnlich argumentiert H. LOUIS (1968, S. VI): "Der schwerwiegendste Fortschritt der Geomorphologie in den letzten 30 Jahren dürfte in den Erkenntnissen über die Unterschiedlichkeit der Formentwicklung in den verschiedenen Unterregionen des humiden Gesamtklimabereiches liegen." Vgl. auch H. LOUIS (1957, S. 10 und 26)

Diese Erkenntnis läßt sich jedoch nicht ohne weiteres dahingehend interpretieren, daß der Ansatz der klimatischen Morphologie den ihm vorausgegangenen Versuchen einer Systematisierung der Oberflächenformen überlegen sei. Sie bestätigt zunächst vielmehr nur, daß unterschiedliche Fragestellungen unterschiedliche Beobachtungen als relevant und im Ergebnis fruchtbar erscheinen lassen. Hatten sich Davis und auch Walter Penck bei ihren Beobachtungen von der Frage leiten lassen, welche Formveränderungen das Relief unter dem Einfluß fluvialer Abtragung im Verlauf der Entwicklung erfährt, und welche Auswirkungen während der Entwicklung stattfindende Krustenbewegungen auf die Gestalt des Reliefs haben, richtet die klimatische Morphologie entsprechend ihrer veränderten Fragestellung ihr Augenmerk darauf, inwieweit sich innerhalb des Bereiches fluvialer Abtragung unter veränderten klimatischen Bedingungen veränderte Gestaltmerkmale des Reliefs beobachten lassen, inwieweit sich also bestimmten Klimaten ein je spezifischer "Stil" des Reliefs, ein je spezifischer "Formenschatz" zuordnen läßt.[34]

Dabei wird von den Vertretern der klimatischen Morphologie weder generell bestritten, daß sich beim Vorgang der fluvialen Abtragung die Gestalt des Reliefs verän-

---

34) H. MORTENSEN (1930, S. 147) stellt denn auch seinen Ausführungen über die Oberflächenformen in Chile die Bemerkung voran: "Die Beobachtungen sind...von vornherein mit der Fragestellung Klima und Oberflächenformen gemacht worden."
Ein weiterer möglicher Ansatz neben der entwicklungsgeschichtlichen Analyse der Oberflächenformen und der klimatischen Morphologie wird von der "Strukturmorphologie" verfolgt, die nach dem Zusammenhang zwischen den Lagerungsverhältnissen der Gesteine und der Gestalt der Oberflächenformen fragt. Dieser Ansatz hat seine prägnanteste Ausführung in Heinrich Schmitthenners Theorie über die Entstehung der Schichtstufenlandschaft gefunden (vgl. H. SCHMITTHENNER, 1920, 1926, 1930, 1954a und 1956). Im übrigen beschränkte sich die Forschung unter dieser Fragestellung im wesentlichen auf eine regionale Vervollständigung der Kenntnisse auf der Basis hergebrachter Annahmen (vgl. F. MACHATSCHEKS Lehrbuch "Das Relief der Erde"). Zudem krankte dieser Ansatz, wie Schmitthenner selbst zugesteht, für deutsche Geographen an der Schwäche, daß sich die von ihm untersuchten Erscheinungen nicht einer "räumlichen Ordnung zugänglich zeigen", da sie "im Raum getrennt, nicht im Zusammenhang, ja vielfach zufällig auftreten". (H. SCHMITTHENNER, 1954, S. 12) Es ist eben nur der klimatischen Morphologie möglich, "das System aller morphologischen Typen räumlich zu ordnen". (ebda.) Eine Darstellung der "Strukturmorphologie" kann daher im Rahmen dieser Arbeit unterbleiben.

dert[35], noch leugnen sie den Einfluß tektonischer Bewegungen und der Gesteinsstruktur auf die Formenkonfiguration der Erdoberfläche[36]. Doch sind Beobachtungen, die derartige Einflüsse zu belegen suchen, für die Fragestellung der klimatischen Morphologie irrelevant, da ihr Interesse sich allein auf die klimatisch
bestimmten "Züge" des Reliefs richtet[37]. Die klimatische Morphologie versucht
daher auch, von den "Modifikationen" des klimabedingten Formenstils zu abstrahie-

---

35) S. PASSARGE beschreibt den "idealen Verlauf der Abtragung" (1912, S. 229) folgendermaßen: "In der kurzen Jugendperiode beginnt die Entwicklung der verschiedenen Kräfte und herrscht die Vertikalerosion, in die Reifezeit fällt das Zusammenwirken aller Kräfte und damit der größte Reichtum an Formen. Im Alter
aber versagt eine Kraft nach der anderen und damit vereinfachen sich die Formen." (1912, S. 239) Und noch H. LOUIS (1968, S. 134) konzediert eine "der
Deduktion von Davis weitgehend entsprechende Entwicklung der Kerbtallandschaft". Vgl. auch H. LOUIS (1957, S. 22)

36) H. LOUIS (1968, S. 4) legt "Gewicht auf den Hinweis, daß eine wirklich befriedigende Analyse der Formen umfassend alle denkbaren Einflußmöglichkeiten zu
berücksichtigen hat: nämlich den Einfluß der Gesteinsbeschaffenheit, der gegenwärtigen und vergangenen Krustenbewegungen auf die formbildenden Vorgänge,
ebenso wie den Einfluß der gegenwärtigen und vergangenen Klimaeinwirkungen
auf dies Geschehen und seine Ergebnisse.". Vgl. H. MORTENSEN (1930, S. 156)
und J. HÖVERMANN (1965, S. 19). Auch BÜDEL will "weder die klaren und überall
handgreiflichen Beziehungen des Formenschatzes zum geologischen Bau unterdrük-
ken oder gar leugnen, noch die Methoden und Gesichtspunkte, denen die klassi-
sche 'genetische' Morphologie ihre außerordentlichen Erfolge verdankt, aus-
merzen". (1950, S. 69)

37) "Ganz selbstverständlich will die Themafassung nicht behaupten, daß nur aus
dem heutigen Klima die heutigen Formen zu erklären seien, vielmehr sei die
Frage so gestellt: inwieweit hängen die heutigen Oberflächenformen vom heutigen Klima ab?" (F. THORBECKE, 1927, S. 2); vgl. auch die Anmerkung von F. Thorbecke und A. Philippson zu S. Passarge (1926). Dementsprechend wird das Ziel
der klimatischen Geomorphologie folgendermaßen formuliert: "Das Ziel dabei ist,
für ein bestimmtes Klimagebiet den typischen Formenschatz zu erkennen." (H.
MORTENSEN, 1943/44, S. 44) oder: "Das Ziel der folgenden Betrachtung ist nun,
alle diese klimatischen Einflüsse auf den Formenschatz in ein System zu fassen." (J. BÜDEL, 1950, S. 69) Für eine Systematisierung der Oberflächenformen
nach ihren vom Klima abhängigen Merkmalen ist das Klima in der Tat von "über-
geordnetem" Einfluß, erscheinen die Einflüsse der anderen Variablen nur als
"Störungen, Arabesken und...Ausnahmen", wie J. BÜDEL (1957a, S. 7) sich ausdrückt.

100

ren, indem sie Fälle aufsucht, die unter gleichen tektonischen und petrographi-
schen Bedingungen die Einflüsse des Klimas auf die Gestalt des Reliefs in verschiedenen Klimaregionen ermitteln zu lassen versprachen[38].

Nun läßt sich jedoch ein Erkenntnisfortschritt nicht allein aufgrund eines veränderten Ansatzes reklamieren, sondern nur dann, wenn dieser es ermöglicht, unter weitgehender Beibehaltung der Problemlösungsfähigkeit des alten Ansatzes eine
Reihe von Problemen zu lösen, die sich bisher als unlösbar erwiesen haben, und
zugleich zu erklären vermag, warum diese Probleme mithilfe des alten Ansatzes
nicht gelöst werden konnten[39]. Erkenntnisfortschritt bedeutet daher allemal
größere theoretische Fruchtbarkeit. Einen Fortschritt in diesem Sinne sucht die
klimatische Geomorphologie gegenüber Davis und Walther Penck denn auch für
sich in Anspruch nehmen. Das Zyklen-Modell behauptet, die Entstehung von Rumpfflächen dadurch erklären zu können, daß die Entwicklung unter dem Einfluß der
fluvialen Abtragung einem quasi-Endzustand zustrebe, in dem schließlich die Abtragung zur Ruhe komme, weil die zur weiteren Erosion notwendigen Höhenunterschiede zu gering geworden seien. So entsteht als schließliches Ergebnis der
fluvialen Abtragung eine schwachgeneigte, flachwellige Verebnung annähernd im
Niveau des Meeresspiegels als absoluter Erosionsbasis: die "Endrumpffläche". Dieses Modell erweist sich jedoch als untauglich zur Erklärung der Entstehung von
sanftgeböschten, großflächigen Verebnungen in beträchtlicher Höhe über dem Meeresspiegel, die sich zudem noch durch ein relativ großes Gefälle der Hauptentwässe-
rungsbahnen auszeichnen[40]. Von den Anhängern der klimatischen Morphologie wird
diese Schwäche des Zyklen-Modells darauf zurückgeführt, daß Davis und nach ihm
auch Walther Penck den Einfluß der in unterschiedlichen Klimaten unterschiedlichen Intensität der Hangdenudation auf die Ergebnisse des fluvialen Abtragungs-

---

38) "Es ist nicht immer leicht, zwischen Klimabedingtheit und Gesteinsbedingtheit
    einer Oberflächenform zu unterscheiden. Das ist nur möglich, wenn wir den For-
    menschatz gleichartiger, in allen Klimazonen auftretender Gesteine untersuchen.
    Auf diese Weise eliminieren wir den Modifikationsfaktor 'Gestein' und kommen
    zu einem echten Vergleich der klimagebundenen Formen." (H. WILHELMY, 1958, S. 7)
39) Vgl. Th. S. KUHN (1967, S. 222), A. WELLMER (1967, S. 217 f.), P. K. FEYERABEND
    (1970, S. 316 f.) sowie U. EISEL (1972, S. 11)
40) Vgl. H. LOUIS (1936, S. 120 f.) und ders. (1957, S. 10 ff.)

prozesses vernachlässigt hätten[41]. So vertrat Walther Penck im Gegensatz zu der
sich entwickelnden klimatischen Geomorphologie die Auffassung, daß zwar sowohl
die Verwitterungsart (bei ihm vor allem chemisch oder mechanisch) wie auch die
Intensität der Hangabtragung und die für Hangabtragung erforderliche Minimal-
böschung, ja sogar das Verhältnis von Hangabtragung ("Massenbewegung") zu Transportleistung des Vorfluters ("Massentransport") von Klima zu Klima variiere, dies
jedoch für den Bildungsprozeß der Formen und damit für die entstehenden Formen
selbst (abgesehen von der Geschwindigkeit ihrer Ausbildung) ohne Bedeutung sei.
So argumentiert Walther Penck in Bezug auf die Gesteinsaufbereitung z.B.:

"Das Klima bestimmt die Art der Aufbereitungsprozesse und damit die Art und Zusammensetzung der Aufbereitungsprodukte, aber keineswegs den auf der ganzen Erde,
in allen Klimaten einheitlichen Grundzug der Gesteinsaufbereitung: die Bereitstellung beweglicher, abtragbarer Stoffe...es besteht daher keine Möglichkeit,
daß in verschiedenen Klimaten verschiedene Abtragungsformen entstehen."[42];

und in Bezug auf die Intensität der Denudation:

"Mit einem Wechsel der klimatischen Zustände kann...eine Verschiebung des Verhältnisses von Massenbewegung zu Massentransport, von der Zufuhr gegen die Gerinne zu
dem von diesen bewerkstelligten Abbau verbunden sein.... Durch ihre Knüpfung an
die Bahnen oberflächlich fließenden Wassers zeigen sie an, was sich geändert hat:
weder die Fortdauer noch die Richtung flächenhafter Abtragung, sondern deren quan-
titatives Verhältnis zu dem ebenfalls gleichsinnig fortdauernden, linienhaften
Weitertransport der Massen durch Wasser. Das kann dessen anderweitige Arbeitslei-
stung beeinflussen, nicht aber eine grundsätzliche Änderung der Abtragungsformen
verursachen."[43]

Der Fehlschluß Walther Pencks liegt auf der Hand: Aus der Tatsache, daß in allen
Klimaten Gesteinsaufbereitung, Hangabtragung und Abtransport durch den Vorfluter
überhaupt stattfindet, schließt er, daß der unterschiedliche Einfluß des Klimas
für die Erklärung unterschiedlicher Abtragungsformen nicht herangezogen werden
könne.

---

41) H. LOUIS (1957, S. 20 f.)

42) W. PENCK (1924, S. 59)

43) W. PENCK (1924, S. 97 f.). W. Penck bestreitet daher konsequent die "Möglichkeit, daß in verschiedenen Klimaten verschiedene Abtragungsformen entstehen,
deren Entwicklung verschiedenen Verlauf nähme, wenn nur die endogenen Voraussetzungen die gleichen sind". (ebda., S. 59)

Die klimatische Morphologie vertritt demgegenüber die durchaus plausible Auffassung, daß die Intensität der Hangdenudation, da sie die Schuttbelastung der Gerinne und damit den Betrag der ihnen zur erosiven Eintiefung verbleibenden Energie beeinflusse, wesentlich die Gestalt des durch fluviale Abtragung entstehenden Reliefs bestimme. Ausgehend von der Annahme, daß Art und Intensität der Denudationsvorgänge sowie das Transportvermögen der Flüsse mit den klimatischen Bedingungen variiert[44], erklärt die klimatische Morphologie die von Davis in eine Entwicklungsreihe gebrachte Kerbtallandschaft und Rumpfflächenlandschaft als klimatisch bedingte Spezialfälle des fluvialen Abtragungsreliefs, die sich wie andere Spezialfälle auf ein je spezifisches Verhältnis von Transportvermögen und Schuttbelastung der Vorfluter infolge unterschiedlicher Denudationsintensität und/oder Wasserführung zurückführen lassen[45]. Damit aber erfordert die Erklärung der Entstehung von Rumpfflächen nicht mehr die Annahme, daß großflächige Verebnungen erst bei Erreichen des "Endzustandes" fast vollständiger Abtragungsruhe durch Niederlegung des Reliefsockels bis zum Niveau des Meeresspiegels ausgebildet werden können.[46]

Aufgrund der Annahme, daß es "die nach Art und Stärke sehr bedeutenden Unterschiede der flächenhaften Denudationsvorgänge (sind), die innerhalb der humiden Region das Auftreten sehr verschiedener klimatischer Formtypen verursachen"[47], verifi-

44) "Für die Auswahl und das Zusammenspiel der in einem Gebiet herrschenden Denudationsvorgänge ist aber das Klima in gleicher Weise wie für die Auswahl der Erosionsvorgänge der entscheidende Faktor." (J. BÜDEL, 1950, S. 71) Vgl. im Prinzip schon A. HETTNER (1919, S. 348)

45) H. MORTENSEN (1930, S. 156). Zu den entsprechenden Auffassungen von H. Louis und J. Büdel vgl. den folgenden Abschnitt dieser Arbeit. Es ist im übrigen bezeichnend, daß die meisten Erklärungen der variierenden Reliefgestalt, obwohl sie das Größenverhältnis von "Schleppkraft" und Schuttbelastung als maßgeblich unterstellen, dann doch nur eine dieser Variablen in Betracht ziehen. So erachtet Mortensen "für die Entstehung der Rumpfflächen in sehr hohem Maße die Tatsache der ruckweisen Wasserführung" als entscheidend (Diskussion z. H. LOUIS (1935), S. 136), Louis dagegen die große Denudationsintensität. Diese Inkonsequenz ist die notwendige Folge einer nur qualitativen Beschreibung der Variablen des Abtragungsprozesses, die über Größenrelationen selbstverständlich keine Aussagen machen kann.

46) "Es zeigt sich hier, daß unter gewissen, aber nicht allen klimatischen Verhältnissen große Abspülungsebenen von unmittelbarem Zusammenhang mit der Erosionsbasis des Meeresspiegels bis auf beträchtliche Meereshöhen hinaufgehen können, daß sie also lange vor der Erreichung des Endziels der festländischen Abtragung ausgebildet werden." (H. LOUIS, 1935, S. 121)

47) J. BÜDEL (1950, S. 71). Vgl. auch H. WILHELMY (1958, S. 6) und H. LOUIS (1968, S. 3

ziert sich für die klimatische Morphologie nicht nur ihre Behauptung, daß die beobachteten regionalen Formunterschiede klimatisch bedingt sind (was von den Vertretern der klimatischen Morphologie zugleich als Verifikation ihres gesamten Ansatzes betrachtet wird)[48]; die Annahme erlaubt darüberhinaus, sowohl die Entstehung von Rumpfflächen in größerer Höhenlage (worauf sich die morphologische Kontroverse mit Davis konsequenterweise zuspitzen mußte) wie auch die der anderen
von den Krustenbewegungstheorien beschriebenen Relieftypen vorerst zumindest
plausibel zu machen, schließlich aber auch noch die Schwächen der Krustenbewegungstheorien zu erklären. Indem diese Annahme daher sowohl einen theoretischen
Fortschritt gegenüber früheren Systematisierungsversuchen behaupten zu können gestattet, wie auch die geographische Norm erfüllt, eine regelhafte Verbreitung von
Relieftypen ableitbar zu machen, wird sie von Louis mit Recht als geradezu konstitutiv für die klimatische Morphologie angesehen[49]. Es bleibt freilich zu klären,
inwieweit es der klimatischen Morphologie gelungen ist, diese für ihre Ansatz kon-
stitutive Idee für eine nicht nur plausible, sondern auch empirisch prüfbare Erklärung oder zumindest Beschreibung der Entstehung von Formenkonfigurationen des
fluvialen Abtragungsreliefs fruchtbar zu machen.

3.4 ZIRKULÄRE "THEORIEN" ALS KONSEQUENZ EINER REGIONALISTISCHEN KLASSIFIKATION DER OBERFLÄCHENFORMEN - EINE EXEMPLARISCHE DISKUSSION DES ANSATZES DER KLIMATISCHEN GEOMORPHOLOGIE

Die folgende Darstellung des Ansatzes der klimatischen Geomorphologie beschränkt
sich auf eine Diskussion der leitenden Gesichtspunkte, die den Versuchen einer

---

48) "Andererseits ist die Verschiedenheit der Oberflächenformen auch innerhalb der
gleichen plastischen Gattungen und innerhalb der gleichen strukturgebundenen
Formentypen so groß und so offensichtlich abhängig von unterschiedlichen Abtragungsbedingungen, daß sich die Notwendigkeit einer klimatisch-morphologischen
Analyse und Klassifikation der Oberflächenformen geradezu aufdrängt. So wird es
verständlich, daß der vor vierzig Jahren eingeschlagene Weg einer Morphologie
der Klimazonen, erweitert auf eine Morphologie der Klimazonen und Vorzeitkli-
mate, beibehalten wurde..." (H. HÖVERMANN, 1965, S. 12).

49) H. LOUIS (1961, S. 203)

Systematisierung der Formen des fluvialen Abtragungsreliefs nach klimatischen Bedingungen ihrer Entstehung zugrundeliegen. Wenn dabei vorwiegend von den Arbeiten Louis' und Büdels ausgegangen wird, so rechtfertigt sich dies dadurch, daß nur Louis und Büdel eine umfassende Systematisierung des gesamten klimatisch bedingten fluvialen "Formenschatzes" versucht haben. Beide sind dabei von den Alternativen "Flächenbildung" - "Talbildung" ausgegangen und haben dadurch maßgeblich die Richtung der Forschung in der klimatischen Morphologie bestimmt.[1] Es wird zu zeigen sein, daß Louis und Büdel trotz kontroverser Interpretationen des Reliefs in forschungslogischer Hinsicht die gleichen Positionen vertreten und hierin auch mit den anderen Vertretern der klimatischen Geomorphologie übereinstimmen.

Louis entwickelt die leitenden Gesichtspunkte seiner Systematik der Oberflächenformen zuerst mit seiner "Theorie der Unterscheidung von Kerbtaltypus und Flachmuldentypus der fluvialen Abtragungslandschaft".[2] Er formuliert diese Theorie in Anknüpfung an den Davis'schen Versuch, die "Landschaftselemente" Talboden/Flußbett, Hang und Zwischentalscheiden systematisch zueinander in Beziehung zu setzen und zugleich zu einer Erklärung für die Bildung von Flächen ("Rumpfflächen") zu gelangen.

Zentrale Annahme der Louis'schen Theorie ist die Aussage, daß sowohl das Längsgefälle der Gerinne wie auch die Hangneigung bestimmt werden durch das Verhältnis der dem Fluß durch Denudation von den Hängen zugeführten Schuttlast zur Leistungsfähigkeit des Vorfluters:

"Unsere theoretische Überlegung knüpft an die wohl allgemein anerkannte Feststellung an, daß für die Gestaltung jeder Flußabtragungslandschaft das Leistungsverhältnis der flächenhaft wirkenden Denudation (Flächendenudation) zu den linienhaft gebundenen Transporten und Bettausschürfungen in den Gerinnen (Erosion, genauer Linearerosion) von entscheidender Bedeutung sein müsse."[3]

---

1) Vgl. J. HÖVERMANN (1965, S. 15)

2) H. LOUIS (1957, S. 14)

3) H. LOUIS (1957, S. 14) Vgl. H. LOUIS (1968, S. 102 f.), (1968a, S. 495) und (1935, S. 12), wo diese Annahme im Prinzip schon zugrundegelegt wird.

Ist die durch Denudationsprozesse dem Vorfluter zugeführte Schuttlast im Verhältnis zur Leistungsfähigkeit des Vorfluters so gering, daß ein Rest an (durch den
Abtransport nicht verbrauchter) Energie verbleibt, so steht diese Energie für
Reibungsarbeit am Bettboden zur Verfügung, der Fluß tieft sich gegenüber seiner
Umgebung ein. Dadurch versteilen sich die Hänge, und zwar so lange, bis die aufgrund zunehmender Hangneigung zunehmende Denudationsschuttmasse, die dem Vorfluter pro Zeiteinheit zugeführt wird, annähernd dem Transportvermögen entspricht,
über das der Fluß verfügt, wenn nur soviel Energie für Bettausschürfung verbraucht
wird, daß sich Hänge und Bettboden mit gleicher Geschwindigkeit tieferlegen.
Nimmt man das Transportvermögen verschiedener Flüsse vorerst als konstant an, so
hängt der Hangwinkel, bei dem sich dieser "Gleichgewichtszustand" einpendelt, von
der "Menge und Beweglichkeit" des durch Verwitterung bereitgestellten Schuttes
ab.[4]

Im Anschluß an diese Überlegungen unterscheidet Louis zwei "Extremfälle":
1. die Denudation bei gegebener Hangneigung ist gering im Verhältnis zur Leistungsfähigkeit des Vorfluters. Ein Gleichgewicht im formulierten Sinne erfordert also
relativ steile Hänge. Dies ist der "Kerbtaltypus des fluvialen Abtragungsreliefs[5];
2. die Denudation bei gegebener Hangneigung ist intensiv im Verhältnis zur Leistungsfähigkeit des Vorfluters. Gleichgewicht im oben formulierten Sinne stellt
sich also schon bei relativ flachen Hängen ein. Dies ist der "Flachmuldentyp
des fluvialen Abtragungsreliefs"[6]:
"Entweder ist die Denudation wenig leistungsfähig. Dann muß die Erosion durch kerb-
artige Taleinschnitte so hohe und steile Talhänge schaffen, daß die Denudationsleistung auf diesen wegen ihrer Steilheit und Höhe trotz der mangelhaften Gesteinsaufbereitung ausreicht, um den Fluß mit Transportmassen genügend zu belasten, so

---

4) Die "Menge und Beweglichkeit der durch Verwitterung pro Zeiteinheit in den verschiedenen Klimaten entstehenden Zerfallsprodukte" (H. LOUIS, 1957, S. 15) oder
auch der Ausdruck "Denudationsintensität" (H. LOUIS, 1957, S. 18) sind zu unterscheiden von der "Denudationsleistung" (H. LOUIS, 1957, S. 15): Während die Denudationsleistung die Menge des den Vorflutern zugeführten Materials meint und
daher auch von der Hangneigung abhängt, werden unter Denudationsintensität nur
diejenigen Variablen zusammengefaßt, die außer der Hangneigung die Menge des
den Vorflutern zugeführten Materials bestimmen.

5) H. LOUIS (1957, S. 15). Vgl. auch H. LOUIS (1968, S. 106)

6) H. LOUIS (1957, S. 15). Vgl. auch H. LOUIS (1968, S. 108)

daß seine mechanische Energie verbraucht wird und er beim Einschneiden zum Schritt-
halten mit der Denudation der Hänge genötigt ist. ...wenn Gesteinsaufbereitung und
Denudation sehr kräftig arbeiten, dann müssen stärker geböschte Hänge sich rasch
abflachen. Steile Hänge kann es unter solchen Verhältnissen im allgemeinen nicht
geben. Die Gerinne folgen natürlich Tiefenlinien, aber sie können nicht nennens-
wert in das Geländeniveau einschneiden, weil sie schon auf den flachen Böschungen
des Geländes so viel Denudationsmassen zugeführt bekommen, daß ihre mechanische
Energie durch den laufenden Weitertransport dieses Materials aufgebraucht wird."[7]

In diese Überlegungen ist bis jetzt jedoch die Annahme konstanter Leistungsfähigkeit bzw. Energie, konstanten Transportvermögens der Vorfluter eingegangen, so
daß diese Größe bisher quasi als unabhängige Variable fungierte. Sie wird im wesentlichen durch die abfließende Wassermenge einerseits, das Gefälle andererseits
bestimmt. Innerhalb Louis' Theorie, die die Entstehung des fluvialen Abtragungsreliefs und damit außer der Hangneigung ja auch das Gefälle der Gerinne selbst erklären will, kann jedoch das Gefälle ebensowenig wie die Hangneigung als unabhängige Variable betrachtet werden. Unabhängige Variable können allein die durch
Niederschläge bereitgestellte Wassermenge (unter Abzug der durch Verdunstung und
Versickerung dem oberflächlichen Abfluß entzogenen Wassermenge) einerseits, die
Denudationsleistung bei gegebener Hangneigung andererseits sein.[8] Louis wirft
den "Krustenbewegungstheorien" vor, daß sie allein die Krustenbewegungen als das
Gefälle beeinflussende Variable in Betracht gezogen hätten, während er selbst die
Tektonik nur als "anregenden Faktor"[9], als Voraussetzung für die Erzeugung von
Gefälle und damit für Abtragung überhaupt, allenfalls wohl als Ausgangsbedingung
begreift. Zwar ist dieser Einwand in dieser Form schief, da ja Davis u.a. durch
im Laufe der Zeit abnehmendes Längsgefälle die schließliche Entstehung von Rumpfflächen erklären wollte und wohl an keiner Stelle geschrieben hat, daß sich das
Gefälle von Flüssen dadurch vermindert, daß die durch Krustenbewegungen schräggestellte "Urlandoberfläche" anschließend durch Krustenbewegungen wieder in annähernd waagerechte Lage in Meeresniveau befördert wird[10]; doch soll den Ursachen
dieses Mißverständnisses hier nicht weiter nachgegangen werden.

---

7) H. LOUIS (1957, S. 15). Vgl. H. LOUIS (1968, S. 103 und 108)

8) Vgl. L. B. LEOPOLD/Th. MADDOCK (1953, S. 60)

9) H. LOUIS (1957, S. 21)

10) Für Davis ist vielmehr innerhalb seines Modells das "Alter" im Sinne von "Stadium" die unabhängige Variable, die das Flußlängsgefälle beeinflußt - eine
freilich absurde Annahme. Vgl. Abschnitt 3.2 dieser Arbeit.

Louis geht davon aus, daß unter Bedingungen reichlicher Schuttzufuhr von den Hängen ein großer Aufwand an Energie notwendig sei zum Abtransport dieser Schuttlast, und daher - unter der Annahme konstanter Wassermenge - ein größeres Gefälle "gebraucht" wird als unter Bedingungen nur geringer Schuttzufuhr. Er behauptet: "daß ein Gerinne, dem viel Denudationsmassen zugeführt werden, zum geregelten Abtransport dieser Massen mehr Energie braucht als ein gleich großes Gerinne geringerer Transportbelastung. Das Gerinne kann die benötigte Arbeitsfähigkeit nur aus der beim Abwärtsfließen frei werdenden potentiellen Energie gewinnen. Deswegen besitzt ein stark durch Schutt belastetes Gerinne stets größeres Gefälle als ein gleich starkes mit schwacher Belastung".[11]

An dieser Stelle ergibt sich freilich eine Unklarheit: Hatte Louis zu Anfang argumentiert, daß sich ein "Gleichgewichtszustand" dadurch herstellt, daß durch Versteilung der Hänge die Schuttzufuhr dem Transportvermögen angepaßt wird, argumentiert er jetzt umgekehrt, daß durch Versteilung bzw. Verflachung des Längsgefälles das Transportvermögen der Schuttzufuhr angepaßt wird. In jedem Argument muß er jeweils eine der beiden Größen konstant halten. Nun führt Louis jedoch einen weiteren Gesichtspunkt ein, der es ihm zu gestatten scheint, beide Argumente miteinander in Übereinstimmung zu bringen. Louis war davon ausgegangen, daß Hänge dadurch versteilt werden, daß sich die Gerinne schneller einschneiden, als die Hangabtragung die Hänge tieferzulegen vermag, und weiter, daß sich die Gerinne gerade unter Bedingungen geringer Denudationsleistung bei gegebener Hangneigung tief einschneiden müssen. Aus der Tatsache, daß das Längsgefälle von Flüssen nur dadurch verflacht werden kann, daß die Flüsse ihr eigenes Bett in Relation zum Basisniveau des Meeresspiegels tieferlegen, also erodieren, schließt er, daß gerade die Flüsse, die am stärksten in ihre Umgebung einschneiden, sich das flachste Längsgefälle schaffen; d.h. gerade die Flüsse, die am stärksten einschneiden müssen, um ein Gleichgewicht von Schuttzufuhr und Transportvermögen herzustellen (indem sie steile Hänge schaffen), weil die Schuttzufuhr bei gegebener Hangneigung gering ist, schaffen zugleich ein geringes Längsgefälle, was für Flüsse mit geringer Schuttbelastung als Bedingung des Gleichgewichts gefordert war:

---

11) H. LOUIS (1957, S. 21)

"Unter sonst gleichen Verhältnissen kann sich hiernach ein Gerinne, dessen Gehänge viel Schutt liefern, weniger tief in das Gelände einschneiden als ein gleich starkes Gerinne, das von seinen Hängen nur wenig Schutt erhält. Denn das letztere braucht weniger Gefälle zur Bewältigung seiner Last. Weniger Gefälle besitzt aber das Gerinne, wenn es tief eingeschnitten ist, also Höhe gegenüber der Erosionsbasis verloren hat."[12]

Dieses Argument ist jedoch problematisch. Es wäre zwar korrekt zu behaupten, daß ein Gerinne durch den Vorgang des Eintiefens (sei es in Relation zur Umgebung oder "gleichlaufend" mit ihr) an Höhe gegenüber der Erosionsbasis verliert, also sein Gefälle vermindert, oder auch: wenn es sich tief eingeschnitten hat, an Höhe gegenüber der Erosionsbasis verloren hat. Nicht zulässig ist jedoch die Behauptung, daß ein Gerinne "weniger Gefälle besitzt..., wenn es tief eingeschnitten ist. (d.h. weniger Gefälle als ein anderes Tal, das nicht so tief in seine Umgebung eingeschnitten ist) "Unmittelbar besteht kein Zusammenhang zwischen geringer Höhendifferenz gegenüber der Erosionsbasis (also geringem Gefälle) und großer Einschnittstiefe in Relation zur Umgebung. Dieser unmittelbare Zusammenhang wird von Louis durch den doppeldeutigen Gebrauch des Ausdrucks "Einschnittstiefe" (im Sinne von Höhendifferenz zur Umgebung und zur Erosionsbasis) nur suggeriert. Der von Louis darüberhinaus behauptete kausale Zusammenhang läßt sich aus seinen eigenen vorher gemachten Annahmen nicht herleiten. Louis behauptet, daß sich ein Gerinne unter sonst gleichen Verhältnissen tief in das Gelände einschneidet, wenn die Hänge wenig Schutt liefern, weil es dann nur geringes Gefälle zum Abtransport der Schuttlast benötigt. Nun folgt zwar aus Louis' Annahmen, daß ein Gerinne im Zustand des Gleichgewichts zum Abtransport geringer Schuttmengen nur eines geringen Gefälles bedarf. Doch folgt aus der Tatsache, daß die Hänge wenig Schutt liefern, keineswegs, daß die Hänge steil, die Gerinne also tief in das Gelände eingeschnitten sind.[13] Louis kann also aus geringem Flußlängsgefälle nicht auf tiefe Zertalung schließen, umgekehrt aber auch nicht aus tiefer Zertalung (also steilen

---

12) H. LOUIS (1957, S. 21)

13) Daß Louis in diesem Zusammenhang tatsächlich "Einschneidung" bzw. "Einschnittstiefe" zugleich immer auch als "Eintiefung" relativ zur Umgebung und d.h. als Hangversteilung versteht, wird deutlich, wenn er im Anschluß an sein Argument fortfährt: "Andererseits ist die Vergrößerung der Einschnittstiefe zugleich ein Mittel, mit dessen Hilfe das Gerinne die ihm zugeführte Schuttlast selbsttätig vergrößert. Denn die höher und oft auch steiler werdenden Gehänge eines sich vertiefenden Taleinschnitts liefern natürlich im allgemeinen mehr Hangschutt als die niedrigen Hänge eines flachen Einschnitts." (H. LOUIS, 1957, S. 21)

Hängen) auf geringes Flußlängsgefälle[14]; denn er kann zwar aufgrund seiner vorher gemachten Annahmen folgern, daß sich unter sonst gleichen Verhältnissen Gerinne in Gebieten mit (klimatisch bedingter) geringer Denudationsintensität tief in das Gelände einschneiden, um sich hinreichend mit Schutt auszulasten. Indem sie sich einschneiden, vermehren sie ja aber gerade die Schuttzufuhr von den Hängen. Es kann daher nicht gefolgert werden, daß diese (tief in das Gelände eingeschnittenen) Gerinne ein nur geringes Längsgefälle besitzen, weil sie nur geringe Schuttmengen zu transportieren hätten. Louis kann also einen kausalen Zusammenhang zwischen Zertalungstiefe und Flußlängsgefälle nicht herstellen. Der Schluß von der Zertalungstiefe auf das Flußlängsgefälle und auch der umgekehrte Schluß verbieten sich für Louis obendrein deshalb, weil er zugleich behauptet, daß im Verlauf der Abtragung die Formenkonfiguration des Reliefs erhalten bleibe[15], das gesamte Relief sich "parallel zu sich selbst" tiefer lege[16]; d.h. aber: obgleich im Verlauf der Abtragung die Höhe des Reliefs sich gegenüber der Erosionsbasis vermindert, bleibt das Ausmaß der Eintiefung der Gerinne gegenüber den angrenzenden Hangpartien dasselbe.

Andererseits sieht sich Louis jedoch offensichtlich zu diesem Schluß genötigt, da er die Tatsache erklären will, daß tief in ihre Umgebung eingeschnittene Kerbtäler im allgemeinen ein geringeres Längsgefälle aufweisen, als die nur minimal

---

14) Diesen Schluß zieht LOUIS (1961, S. 205), wenn er schreibt: "Es gibt Klimaregionen mit tiefer Durchtalung und daher geringem Längsgefälle der großen Täler." (Hervorh. H. B.)

15) H. LOUIS (1968, S. 113) behauptet eine "durch lange Zeit sich selbst gleichbleibende Formenkonfiguration".

16) H. LOUIS (1968, S. 114 f.). Louis hebt an dieser Stelle ausdrücklich hervor, daß diese Aussage sowohl für die "Flachlandschaft" wie auch für die "vollständig durchtalte(n) Kerbtal-Landschaft" gilt.

in ihre Umgebung eingeschnittenen Flachmuldentäler.[17] Louis' "Erklärung" dieses Sachverhalts gewinnt für ihn durch die Annahme an Plausibilität, daß sich im Verlauf der fluvialen Abtragung Hangneigung und Tallängsgefälle dergestalt zueinander einregeln, daß sich ein Gleichgewicht zwischen (mit der Hangneigung variierender) Schuttbelastung und (mit dem Flußlängsgefälle variierender) Transportfähigkeit der Gerinne herstellt bzw. aufrechterhält:

"Immer strebt die Entwicklung einem ungefähren Gleichgewichtszustand zu, bei dem der Energiehaushalt des Gerinnes so geregelt ist, daß das Gefälle gerade so viel Energie hergibt, wie zur Bewältigung der anfallenden Transportlast nötig ist, genaugenommen ein wenig mehr, da ja gleichlaufend mit der allmählichen Abtragung der Gehänge auch der Gerinneboden selbst langsam tiefer gelegt werden muß."[18]

Entsprechend dieser Annahme will Louis die unter verschiedenen klimatischen Bedingungen vorfindbaren spezifischen Formenkonfigurationen (hier: die "Extremfälle" Flachmuldenlandschaft und Kerbtallandschaft) durch den Energiehaushalt der Vorfluter erklären:

"Alle formbildenden exogenen Vorgänge leisten Arbeit und verbrauchen daher Energie. Ein genaueres Verständnis ihres Zusammenwirkens ist nicht möglich ohne Rechenschaft über ihren Energiehaushalt. Solcher Überblick über den Energiehaushalt wurde bei den vorstehenden Ausführungen über das in den verschiedenen Klimaten unterschiedliche Zusammenspiel von Flächendenudation und Linearerosion durchweg wenigstens qualitativ zu gewinnen versucht."[19]

Bei seiner Betrachtung des Energiehaushalts von Gerinnen fluvialer Abtragungslandschaften läßt Louis jedoch - und dies ist für einen Vertreter der klimatischen Geomorphologie erstaunlich - die von Klima zu Klima unterschiedliche, für Transport

---

17) "Vor allem haben aber in solchen Flachmuldenlandschaften auch die größeren Flüsse, obwohl sie nicht eingeschnitten sind, in der Regel ein merklich größeres Gefälle als vergleichbare Flußstrecken der Kerbtallandschaften." (H. LOUIS, 1957, S. 16). Vgl. auch H. LOUIS (1968, S. 118), wo er sich jedoch etwas vorsichtiger ausdrückt, indem er behauptet, daß die Flachmuldentäler "ziemlich starkes Gefälle haben". Der deutschen Geomorphologie ist es im übrigen bisher nicht gelungen zu klären, ob nun die Flüsse im Bereich der Rumpfflächenbildung größeres oder geringeres Gefälle besitzen als die Flüsse in Kerbtallandschaften. So versuchte zwar R. MEYER (1967) Louis' Aussagen durch Messungen zu verifizieren. H. BREMER (1971, S. 26) weist jedoch daraufhin, daß diese Messungen nur geringe Aussagekraft haben und hält Meyer vor, daß "es ein Leichtes gewesen wäre, aus dem Jahrbuch für Gewässerkunde oder anderen Publikationen Werte für andere Flüsse heranzuziehen". H. BREMER selbst beschränkt sich jedoch dann auf den Vergleich je eines Flusses der Tropen und Ektropen, um den Schluß zu ziehen: "Man kann also nicht sagen, daß das Gefälle der tropischen Flüsse sehr hoch ist." (1971, S. 26)

18) H. LOUIS (1957, S. 21)

19) H. LOUIS (1957, S. 26). Vgl. auch H. LOUIS (1968, S. 123)

und Erosion zur Verfügung stehende Wassermenge als variable Größer außer Betracht.[20)]
Nun ist aber die Wassermenge insofern eine entscheidende Variable im Energiehaus-
halt der Flüsse, als sie neben dem Gefälle die "Arbeitsfähigkeit" (bei Louis auch:
"Transportfähigkeit", "beim Abwärtsfließen freiwerdende potentielle Energie") der
Gerinne bestimmt, ebenso wie die Denudationsintensität neben der Hangneigung die
Schuttlast als die mit der Transportfähigkeit des Vorfluters im Gleichgewicht be-
findliche Größe bestimmt. Die für den Transport des Hangschuttes und die mit der
Tieferlegung der Hänge "gleichlaufende" Erosion im Flußbett aufgewendete Arbeit
kann daher auch nicht, wie Louis meint[21)], allein aufgrund von Beobachtungen der
Gefällsverhältnisse von Gerinnen ermittelt werden. Die Größe der im Gerinne abfließenden Wassermenge kann insbesondere dann nicht außer Betracht bleiben bzw.
als überall gleich vorausgesetzt werden, wenn gerade die unter verschiedenen Klimaten dem je spezifischen Energiehaushalt der Flüsse entsprechende charakteristische Formenkonfiguration durch ein Modell mit dem Anspruch auf Allgemeingültigkeit erklärt werden soll.

Wenn Louis demnach keine quantitative Beschreibung des Energiehaushalts gelingt
(Er strebt sie offenbar an, wenn er schreibt, daß er sie "wenigstens qualitativ
zu gewinnen versucht"[22)]habe), so hat dies seinen Grund nicht nur darin, daß ihm
seinerzeit keine entsprechenden Messungen vorlagen. Die Formulierung einer allgemeinen Gleichung der Energiebilanz von Flüssen konnte ihm schon deshalb nicht
gelingen, weil er eine der entscheidenden unabhängigen Variablen seines Gleich-

---

20) H. LOUIS (1957, S. 21) setzt bei seiner Betrachtung ein "gleich starkes Gerinne" voraus und läßt "unter sonst gleichen Verhältnissen" die Hangneigung
   und das Flußlängsgefälle nur in Abhängigkeit von der Denudationsintensität
   variieren. Andererseits schreibt H. LOUIS (1968, S. 119) selbst: "Der Formenschatz der beschriebenen Flachmuldentäler steht den bei uns gewohnten Talformen fremdartig gegenüber. Die Ursache dafür besteht in der letztlich klimabedingten viel intensiveren Gesteinsaufbereitung, in der Niederschlagsverteilung
   und auch in Besonderheiten des Pflanzenkleides." (Hervorh. H. B.). Für sein
   Modell zieht er daraus dann jedoch keine Konsequenzen.

21) "...diese Gefällsverhältnisse geben ein verhältnismäßig leicht übersehbares,
   getreues Abbild des Energieverbrauches der linear arbeitenden Wassermassen,
   welche ihrerseits ja den Gesamtertrag der Flächendenudation mit aufzuarbeiten
   haben." (H. LOUIS, 1957, S. 26). Vgl. auch H. LOUIS (1968, S. 124)

22) H. LOUIS (1957, S. 26)

gewichtssystems nicht berücksichtigt hat, die schon in eine nur qualitative Beschreibung notwendig hätte eingehen müssen. Es ist daher nicht verwunderlich, wenn Louis' Ableitung der konstatierten Regelhaftigkeit des Verhältnisses von Flußlängsgefälle und Hangneigung bereits bei den von ihm zur Demonstration der Triftigkeit seines Modells herangezogenen Extremfällen nicht zufriedenstellend ausfällt. Die Louis' Theorie zugrundegelegte Annahme eines Gleichgewichts im Energiehaushalt der Gerinne bleibt so bloße Annahme, die zwar prinzipiell in dieser Allgemeinheit nicht bestritten werden kann, will man nicht den Satz von der Erhaltung der Energie in Zweifel ziehen, den ihr von Louis zugeschriebenen Erklärungswert aber erst dann erhielte, wenn sämtliche Energie liefernden und verbrauchenden Variablen erfaßt würden.[23]

Büdel befindet sich mit seiner Systematisierung der verschiedenen Typen des fluvialen Abtragungsreliefs in scheinbarer Übereinstimmung mit Louis. Auch er geht von den beiden "Extremfällen" des durch Kerb- und Sohlentäler zerriedelten und des von sanftgeböschten Mulden durchzogenen flächenhaften Reliefs aus[24], um den fluvialen Formungsmechanismus so präzise erfassen zu können, daß auch die zwischen den Extremen liegenden "Varianten" des fluvialen Reliefs erklärbar werden:

"Es schien mir nötig, erst einmal diese Extremfälle klar zu erfassen, bevor wir zu einem wirklichen Überblick auch über die zwischenliegenden Varianten der irdischen Reliefbildung gelangen können."[25]

---

23) L. B. LEOPOLD/Th. MADDOCK (1953) führen neben den unabhängigen Variablen Wassermenge und Schuttlast allein noch 5 weitere Variable auf ("width", "depth", "velocity", "sediment-grain diameter" und "roughness"), von denen das Längsgefälle von stabilen Gerinnen abhängig sei. Vgl. auch L. B. LEOPOLD/W. B. LANGBEIN (1962, S. 11) sowie J. ZELLER (1965). Louis müßte noch eine Vielzahl weiterer Variablen in Betracht ziehen, da er ja nicht nur das Flußlängsgefälle, sondern auch die Hangneigung bestimmen will.
J. BÜDEL (1957, S. 207, Anm. 2) weist zwar darauf hin, daß Louis eine Vielzahl von Variablen unberücksichtigt gelassen haben, simplifiziert dann aber ebenso, indem er behauptet, daß Flüsse im Bereich der Flächenbildung allein "mangels Erosionswaffen...im Tiefland praktisch zu keiner Form von Tiefenerosion fähig" seien. Vgl. auch J. BÜDEL (1969, S. 4).

24) "Unter den subaerischen Zonen unserer Gliederung...stellen...die exzessive Talbildungszone und die tropische Flächenbildungszone die entscheidenden Extremfälle dar." (J. BÜDEL, 1963, S. 273). Vgl. auch J. BÜDEL (1969a, S. 175). Später (1971, S. 13 f.) sondert Büdel allerdings als dritten "Extremfall rezenter Reliefbildung" die "aride Zone der Flächen-Erhaltung und -Überprägung sowie der Fußflächenbildung" aus.

25) J. BÜDEL (1969, S. 35). Vgl. auch J. BÜDEL (1969a, S. 176).

Und auch Büdel baut seine Erklärung der in unterschiedlichen Klimazonen je spezifischen Formenkonfiguration auf das Verhältnis von Leistungsfähigkeit der Hangdenudation einerseits, der Linearerosion andererseits auf:

"Die klimamorphologischen Zonen der Erde kommen jeweils durch eine charakteristische Verknüpfung dreier Wirkungen zustande: der Art und Leistungsfähigkeit der flächenhaften Abtragungsvorgänge auf den Breiten des Landes, der Wirkungsweise der linienhaften Erosionsvorgänge und schließlich vor allem durch das gegenseitige Stärkenverhältnis dieser beiden durch vielerlei Wechselwirkungen verknüpften Vorgangsgruppen."[26]

Trotz dieser z.T. bis in einzelne Formulierungen hinein zu verfolgenden Übereinstimmung ist es zu einer heftigen Kontroverse zwischen Büdel und Louis gekommen, die sich auf die Frage zugespitzt hat, ob es sich bei den von Louis als "Flachmuldentäler", von Büdel als "Spülmulden" bezeichneten Entwässerungsbahnen im Bereich der Flächenbildung um Täler im echten Sinne handelt. Diese Kontroverse ist, obgleich sie sich als Scheinkontroverse herausstellen wird, insofern aufschlußreich, als sie die (von Büdel nur intuitiv erfaßten) Widersprüche in Louis' Ansatz transparent macht, zugleich aber verdeutlicht, daß die von Büdel propagierte Lösung in eine Sackgasse führt.

Büdel[27] versucht im Anschluß an eine allgemeine Betrachtung der "geomorphologischen Wirksamkeit der Flüsse" eine Definition des Talbegriffes, mit deren Hilfe er den Nachweis führen zu können glaubt, daß es sich bei den von Louis so bezeichneten Flachmuldentälern nicht um Täler im geomorphologischen Sinne handelt.[28] Büdel schreibt den Flüssen einerseits eine "automatische Transportleistung" zu, die er als "rein passiver Art" ansieht ("automatisch", weil sie "eine inhärente Eigenschaft alles auf dem Festland abrinnenden Wassers" unter jedweden Bedingungen sei; "passiv" deshalb, weil sie nicht "vorauseilend in den Untergrund einschneidet", nicht "selbständig" den Formbildungsmechanismus "steuert", "als einzelnes Formbildungselement praktisch unwirksam"[29] sei). Dem stellt Büdel als

---

26) J. BÜDEL (1957, S. 201). Vgl. auch J. BÜDEL (1950, S. 73), (1969a, S. 175) und (1970, S. 25)

27) J. BÜDEL (1969, und 1970)

28) J. BÜDEL (1969, S. 13 f.), (1970, S. 28 ff.) und (1971, S. 37)

29) J. BÜDEL (1969, S. 1 ff. und S. 9). Vgl. auch J. BÜDEL (1970)

"aktive Flußarbeit" die "Linienerosion (vor allem die Tiefen-, daneben Seiten-
und Rückwärtserosion)" gegenüber[30], die er im folgenden dann aber auch mit der
der Abtragung der Umgebung "vorauseilenden Tiefenerosion" gleichsetzt.[31]

Talbildung ist nun nach Büdel nur möglich aufgrund "vorauseilender Tiefenerosion":
"Zur Talbildung ist...eine aktive, den Denudationsvorgängen auf den Breiten des
Landes vorauseilende Tiefenerosion nötig, die dann auch die Denudationsvorgänge
auf den Hängen steuert."[32]

Entsprechend definiert Büdel den Talbegriff folgendermaßen:
"Ein Tal ist eine größere langgestreckte offene Hohlform, die durch eine der Breitenabtragung vorauseilende aktive Linienerosion eines Flusses und eine hiervon gesteuerte Hangdenudation entstanden ist. Dies kann in der Gegenwart wie während
einer bis heute entscheidend nachwirkenden älteren Reliefgeneration geschehen sein."[33]

Büdel geht wie Louis davon aus, daß im Bereich der Flächenbildung das Relief in allen seinen Teilen parallel zu sich selbst tiefer gelegt wird.[34] Während Büdel nun
aber aus der mit gleicher Geschwindigkeit erfolgenden Tieferlegung der Hangpartien
und der Tiefenlinien folgert, daß in den Spülmulden keine "vorauseilende Tiefenerosion" stattfinde, diese nicht "zur gesonderten Linienerosion für sich" fähig

---

30) J. BÜDEL (1969, S. 2). Vgl. auch J. BÜDEL (1970, S. 24)

31) J. BÜDEL (1969, S. 3): "Nicht jeder Fluß hat die Möglichkeit, vorauseilende Tiefenerosion und damit Talbildung auszuüben. Denn diese als der morphologisch aktive Teil der Flußarbeit..." (Hervorh. H. B.). An anderer Stelle (1971, S. 14)
spricht BÜDEL auch von der "aktiven Tiefenerosion als Schrittmacher
der Abtragung", wobei nur Flüsse, die "vorauseilend" in die Tiefe erodieren,
"Schrittmacher" der Abtragung sein sollen. (J. BÜDEL, 1971, S. 37)

32) J. BÜDEL (1969, S. 9). Vgl. auch J. BÜDEL (1970, S. 25)

33) J. BÜDEL (1969, S. 11). Vgl. auch J. BÜDEL (1970, S. 27)

34) Nach J. BÜDEL (1969, S. 4) wird hier "die Landfläche in ihrer ganzen Breite dauernd so rasch flächenhaft und parallel zu sich selbst tiefergelegt, daß auch
durch lange Zeiten...selbst die größten Flüsse - praktisch ohne Erosionswerkzeu-
ge nicht fähig sind, linienhaft rascher in die Tiefe zu erodieren, als die allgemeine Landabtragung". Vgl. J. BÜDEL (1969a, S. 174) und (1971, S. 28 und S.
135). Übereinstimmend behauptet H. LOUIS (1968, S. 114): "Infolge der langsamen
Tieferlegung der Gerinnebetten und der gleichlaufenden flächenhaften Abspülung
der Rampenhänge kommt es, wie auch Büdel hervorhebt..., zu einer Tieferlegung
der gesamten Flachlandschaft ungefähr parallel mit sich selbst." (Vgl. oben,
Anm. 15)

und daher nicht als Täler zu begreifen seien[35], schließt Louis umgekehrt aus der
Tatsache, daß die Konfiguration des Reliefs mit in die Fläche (wenn auch nur
schwach) eingetieften Gerinnbetten im Verlauf der Abtragung erhalten bleibt, daß
die Flüsse sehr wohl in die Tiefe erodieren und dabei beständig mit ihrer Tieferlegung der Tieferlegung der Hänge "vorauseilen".[36] Ganz offensichtlich gebrau-
chen Louis und Büdel den Begriff "vorauseilende Tiefenerosion" hier in verschie-
denem Sinne. Während Büdel unter "vorauseilender Tiefenerosion" eine gegenüber
der Umgebung größere Abtragungsgeschwindigkeit versteht, bedeutet für Louis "vorauseilende Tiefenerosion" die beständige Aufrechterhaltung der Höhendistanz zwischen Tiefenlinie und benachbarten Hangabschnitten bzw. Zwischentalscheiden. Damit löst sich die Kontroverse freilich nicht in ein terminologisches Problem
auf[37]; denn Büdel behauptet ja zumindest implizit zugleich, daß nur die vorauseilende Tiefenerosion in seinem Sinne die Denudationsvorgänge auf den Hängen steu-

---

35) "Keinesfalls vermögen sie (die Spülmulden, Anm. H. B.) ihr Bett rascher tiefer
zu legen, als diese Gesamtabtragung eine solche Rumpffläche im ganzen. Sie sind
unfähig zur gesonderten Linienerosion für sich. So kommt es hier nicht zur Talbildung." (J. BÜDEL, 1969, S. 5) Auch H. BREMER (1971, S. 150) ist mit Büdel
der Auffassung, "daß die Flüsse auf rezenten tropischen Rumpfflächen praktisch
nur ihre 'passive' Vorfluter-Rolle spielen, ihre 'aktive' Erosionstätigkeit dagegen so gering ist, daß sie der allgemeinen Tieferlegung dieser Flächen nicht
vorauseilen können und sie somit vollständig in deren flächenhaften Abtragungs-
prozeß eingehen". Sie spricht sich daher "gegen die Auffassung der Rumpfflächen
als Flachtalrelief" aus. (H. BREMER, 1971, S. 169)

36) "Die Eintiefung des Gerinnebetts unter das Niveau der Rampenhänge ist trotzdem,
soweit die Flüsse nicht zur definitiven Aufschüttung übergegangen sind...durch-
gehend vorhanden. Also müssen auch die Gerinnebetten selbst langsam tiefer gelegt werden. Die Flüsse eilen also mit der Tieferlegung ihres Bettes der Tieferlegung der beiderseitigen Hänge doch immer etwas voraus." (H. LOUIS, 1968, S. 113)

37) Hierauf möchte H. LOUIS (1964, S. 43 f., Anm. 2) das Problem reduzieren und
schlägt daher als Kompromiß den Begriff "Spülmuldental" vor (1968a).

ere.[38] Es kann unterstellt werden, daß auch Büdel unter "Steuerung" die Beeinflussung der Denudationsgeschwindigkeit durch das jeweilige (je nach Erosionsgeschwindigkeit des Vorfluters im Verhältnis zur Abtragung der Umgebung aufrechterhaltene, vergrößerte oder verminderte) Gefälle der Hänge zur Tiefenlinie ("Denudationsbasis") des Hangschutt abtransportierenden Vorfluters versteht.[39] Ein derartiges Gefälle findet sich freilich, wie auch Büdel zugesteht, auch im Bereich der Spülmulden oder Flachmuldentäler, selbst wenn es geringer ist als beispielsweise im Bereich der "exzessiven Talbildungszone". Louis hält Büdel daher mit Recht entgegen:

"Und dieses Vorauseilen der Tieferlegung im Gerinnebett (d.h. die Aufrechterhaltung des Hanggefälles zu den Tiefenlinien, Anm. H. B.) ist es gerade, was das fortschreitende Tieferlegen der beiderseitigen Rampenhänge überhaupt erst ermöglicht."[40]

Er schließt daraus zu Recht, daß ein lediglich quantitativer Unterschied hinsichtlich der Gefällsverhältnisse nicht dazu berechtige, den Gerinnebetten im Bereich der Flächenbildungszone den qualitativen Charakter von Tälern abzusprechen. Büdels Argumentation birgt aber noch eine weitere Inkonsequenz in sich. Wollte er nämlich

---

38) So, wenn er ausführt: "Der Begriff des Tales bleibt somit...auf die Fälle beschränkt, wo der Fluß eine größere und langgestreckte offene Hohlform durch eine der allgemeinen Breitenabtragung des Landes vorauseilende Linien- und besonders Tiefenerosion und eine deutlich diesem Vorgang gesteuerte Hangabtragung und Hangbildung geschaffen hat." (J. BÜDEL, 1969, S. 15 und 1970, S. 30), und: "Kommt es zur Talbildung, so beherrscht die linienhafte Tiefenerosion auch die Gestaltung der Hänge." (J. BÜDEL, 1970, S. 31. Vgl. auch J. BÜDEL (1971, S. 37)). Dementsprechend behauptet denn BÜDEL (1971, S. 39) auch für die Spülmulden: "Sie begrenzen ferner als Vorfluter die Denudationsleistung nach unten (als Denudationsbasen). Aber da sie nicht vorauseilend einschneiden, die Neigung der Spülflanken also nicht von ihnen abhängt, üben sie auch keinen Einfluß auf die Art und Leistung dieser Denudationsvorgänge aus." Vgl. auch J. BÜDEL (1970, S. 29) und H. BREMER (1971, S. 167)

39) So behauptet ja auch J. BÜDEL (1971, S. 87): "Die Hanggestalt im ganzen (Hanghöhe, Hangneigung, Profilgestalt, Gesteinsausbisse) bestimmt damit - neben den klimatischen Einflüssen - auch die Art und Menge des Gesamt-Materials (Hangschuttes), der von dort in die Haupttiefenlinien des Reliefs transportiert wird."

40) H. LOUIS (1968, S. 113)

nur diejenigen Gerinnebetten als Täler bezeichnen, deren Eintiefungsgeschwindigkeit größer ist als diejeniger der angrenzenden Hänge, so müßte er für die von
ihm so bezeichnete "exzessive Talbildungszone" eine beständig zunehmende Eintiefung der Täler relativ zur Umgebung behaupten.[41] Abgesehen von der Absurdität
einer solchen Annahme (man stelle sich z.B. 30 km tiefe Täler vor!), beschreibt
Büdel den "Extremfall stärkster Talbildung" aber auch folgendermaßen:

"Für die Taleintiefung ist dabei die Existenz eines Dauerfrostbereichs und der
Eisrindeneffekt entscheidend. Beides wirkt auch dabei mit, daß die Hangdenudation in Gestalt der zusammenwirkenden Vorgänge der Bodenstrukturierung, der Solifluktion und der Abtragung so stark ist, daß die Abflachung der Hänge mit der
Tiefenerosion Schritt hält."[42]

Es bestünde also an sich für Büdel kein Grund, Louis nicht beizupflichten, daß
die "Tieferlegung der gesamten Flachlandschaft ungefähr parallel mit sich selbst"
im Prinzip nichts anderes sei,

"als in einer vollständig durchtalten Kerbtal-Landschaft, deren Talscheiden zu
Schneiden geworden sind, in der also keine Altflächenreste mehr überdauern, die
Tieferlegung, welche diese parallel mit sich selbst erfährt, wenn gleiche Ge-

---

41) Büdel behauptet zwar für die "exzessive Talbildungszone" eine gegenwärtig in
diesem Sinne "vorauseilende" Eintiefung der Flußbetten (J. BÜDEL, 1957, S.
201 f.; 1969a, S. 175 sowie 1971, S. 13); doch ist dieser Fall in Louis' Modell
ja miterklärt als Periode vor dem Reifestadium des Reliefs, in der die Altflächenreste zwischen den Tälern noch nicht aufgezehrt sind, die Hänge sich also
noch nicht verschnitten haben, die Gerinnerosion daher noch vorauseilt.

42) J. BÜDEL (1969, S. 34). Vgl. auch J. BÜDEL (1963, S. 277). Den Abtragungsmecha-
nismus in der "exzessiven Talbildungszone" beschreibt Büdel im übrigen ganz entsprechend dem Modell von Louis: "Erhält in einem solchen Tal aus irgendwelchen
Gründen zeitweilig die Linienerosion über die Hangdenudation das Übergewicht, so
wird der Fluß sein Bett...stärker eintiefen. Dadurch entstehen gegen die Soli-
fluktionshänge hin etwas höhere Unterschneidungsränder. Sie streben nach rasche-
rem Ausgleich und führen...zu einer Beschleunigung der Solifluktionsvorgänge. Dadurch wird wieder mehr Schutt in das Flußbett befördert, dessen Neigung zu vorauseilender Tiefenerosion ausgeglichen. Nimmt umgekehrt einmal zeitweilig die
Hangsolifluktion an Leistungskraft zu, so wird mehr Schutt ins Bachbett geliefert und dieses so über die randlichen Solifluktionsstirnen aufgehöht. Die Unterschneidung und "Erneuerung der Exposition" an den Stirnen fällt weg, die
Solifluktion verlangsamt sich automatisch, der Schuttzudrang in das Flußbett
wird geringer, und dieser kann bei verminderter Last wieder in die Tiefe erodieren. Hangsolifluktion und Flußerosion sind so auch hier ganz aufeinander einge-
spielt und bedingen sich gegenseitig. Die Tieferlegung der Talformen beschränkt
sich daher nicht allein auf diejenige der - hier ja vergleichsweise schmalen -
Schottersohle, sondern nimmt die beiderseitigen flachkonkaven Hangfüße in gleichem Rhythmus mit, während die höheren Talhänge seitlich zurückweichen." (J.
BÜDEL, 1960, S. 81, Hervorh. H. B.).

schwindigkeit der Tieferlegung im Talgrund und auf den Talscheiden herrscht. Nur
die Böschungswinkel der Talhänge sind in beiden Fällen außerordentlich verschieden".[43]

Die Kontroverse, die sich, soweit sie sich auf den Talbegriff bezieht, als Scheinkontroverse herausstellt, wird nur aus einer prinzipiellen Differenz in den Ansätzen beider Autoren verständlich. Während Louis - nimmt man seine "Theorie der
Talbildung" ernst - ein Konzept entwerfen will, das, wenn auch zunächst nur an den
Extremfällen Flachmuldental und Kerbtal exemplifiziert, eine allgemeingültige Erklärung des gesamten fluvialen Formenschatzes geben soll[44], die
alle zwischen den Extremfällen auftretenden Relieftypen nur als quantitativ von
diesen hinsichtlich der Hangneigung und eventuell noch Hangform sowie des Flußlängsgefälles abweichende Variationen begreift[45], zielt Büdel von Anfang an auf
von Klimazone zu Klimazone qualitativ verschiedene Vorgänge der Formentwicklung
und qualitativ verschiedene Relieftypen.[46] Aus diesem Grunde besteht er darauf,
daß es sich bei der Landabtragung durch Spülmulden um einen qualitativ anderen
Vorgang handelt, als bei der Abtragung einer Kerbtallandschaft, daß es sich im
einen Fall um einen "integrierten Mechanismus" der Flächenbildung, im anderen
Fall um einen solchen der Talbildung handelt.

---

43) H. LOUIS (1968, S. 114 f.). Vgl. auch H. LOUIS (1968a, S. 500)

44) "Einstweilen scheint mir das Duo der Allgemeinvorstellungen von Kerbtaltypus
   und Flachmuldentaltypus der Talbildung am besten geeignet, die Fülle der Einzelerscheinungen geordnet zu überblicken." (H. LOUIS, 1961, S. 203)

45) "Unsere Überlegungen sind von der Diskussion extrem verschiedener Möglichkeiten hinsichtlich des Leistungsverhältnisses von Flächendenudation und Linearerosion bei fluvialen Abtragungsprozessen ausgegangen.... Aber es ist zu erwarten, daß die Natur daneben auch weniger extreme Lösungen des Zusammenspiels
   von Flächenabtrag und Linienabtrag für die Formgestaltung benutzt." (H. LOUIS,
   1957, S. 17)

46) J. BÜDEL (1969a, S. 176) will "die Unterschiede der Formbildungsmechanismen
   nach ihrer Wirkungsweise (qualitativ) und Leistungsstärke (quantitativ) in
   den einzelnen klimamorphologischen Zonen" aufklären. Vgl. auch J. BÜDEL (1950,
   S. 90). Und er setzt (1971, S. 134) hinzu: "Es bedarf keiner Betonung, daß die
   qualitativen Unterschiede für den Geomorphologen wichtiger sind." Büdel behauptet an anderer Stelle (1970, S. 24) auch, das "die Bildungsmechanismen aller
   hier vertretenen Taltypen...ganz verschieden sind". Vgl. auch J. BÜDEL (1971,
   S. 8). H. BREMER (1971, S. 149 ff. und S. 171) folgt Büdel in dieser Auffassung.

Nun gelingt es jedoch auch Louis nicht, beim Versuch, den gesamten Formenschatz in den von ihm "entwickelten Gesamtgedankengang einzuordnen"[47], sein Modell durchzuhalten. Louis zufolge findet in zumindest noch zwei weiteren Klimabereichen ausserhalb der wechselfeuchten Tropen Flächenbildung durch fluviale Abtragung statt: in der "polaren Bodenflußzone"[48] sowie im ariden Klima. Während im Modell jedoch die Flächenbildung auf im Verhältnis zur Arbeitsfähigkeit der Gerinne große Denudationsleistung der Hänge zurückgeführt wurde - unter der Annahme, daß bei großer Denudationsintensität schon flache Hänge die Vorfluter derart mit Schutt belasten, daß sie zu nennenswerter Eintiefung in ihre Umgebung nicht fähig sind -, werden diese beiden "Abtragungsflachlandschaften" als "Vertreter des Kerbtaltypus der fluvialen Abtragung" bzw. als Flachlandschaften mit der "Neigung zur Ausbildung flacher Kerbtaleinschnitte" charakterisiert[49], in denen "es zu nennenswerter Flächendenudation...doch kräftiger Böschungen" bedürfe, in denen die Gerinne also "zunächst einmal, gewissermaßen unbehindert durch seitliche Schuttzufuhr, kräftig einzuschneiden" vermögen.[50] Die so entstehenden bzw. sich weiterbildenden "Abtragungsflachlandschaften" werden daher dem Relieftyp zugeordnet, der innerhalb des Modells gerade der Flächenbildung als anderer Extremfall gegenübergestellt wurde. Der Anlaß, diese beiden Relieftypen gleichwohl als Flächenbildungsrelief einzustufen, lag für Louis offenbar darin, daß sich beide Formenbereiche (ähnlich wie die Flachmuldenlandschaften) durch absolut hohe Denudationsintensität einerseits, steile Gefällskurven andererseits auszeichnen.[51] Den vor dem Hintergrund

---

47) H. LOUIS (1957, S. 17)

48) Die polare Bodenflußzone "im Tundren- und Frostschuttbereich", wo nach Louis "Solifluktionsrumpflandschaften" entstehen sollen, wird von Büdel übrigens als "exzessive Talbildungszone" angesehen. Auch der Bereich der Entstehung von Rumpfflächen im eigentlichen Sinn ist strittig (vgl. J. HÖVERMANN, 1965, S. 15).

49) H. LOUIS (1957, S. 17 ff.)

50) H. LOUIS (1957, S. 19). Louis behauptet für die polare Bodenflußzone: "Trotzdem werden diese Landschaften, wenigstens soweit sie ansehnlichere Höhenunterschiede aufweisen, von Kerbtaleinschnitten durchfurcht, ja geradezu ziseliert. Dies bedeutet, daß die Schmelzwasserströme, um ausgelastet zu sein, die Denudationsböschungen durch Einschnitt noch verstärken müssen." (H. LOUIS, 1957, S. 17)

51) So behauptet H. LOUIS (1957, S. 19) für aride Gebiete, "Denn von den beim Einschneiden allmählich höher werdenden Hängen kommen hier nun sehr bedeutende Schuttmassen herab und belasten das Gerinne so, daß es eine relativ steile Gefällskurve zum Abtransport des Schuttes braucht".

seiner Theorie auftretenden Widerspruch, daß aus steilem Flußlängsgefälle auf
starke Schuttbelastung der Vorfluter bei gegebener Hangneigung zu schließen ist,
aus dem Auftreten steiler Hänge jedoch auf eine bei gegebener Hangneigung geringe Schuttzufuhr, überbrückt Louis durch die Zusatzhypothese, daß die Einebnung
des Reliefs durch "seitliche Unterschneidung" bzw. "seitliche Erosion" erfolge.[52]
Louis sieht sich dementsprechend genötigt, nicht nur quantitative Variationen im
Verhältnis von Flußlängsgefälle und Hangneigung zwischen seinen Extremtypen zuzu-
lassen, sondern daneben auch qualitativ ganz anders geartete Formungsmechanismen
und Formenkonfigurationen. Er formuliert dieses Eingeständnis etwas verklausuliert
als die Vermutung,

"daß die zwischen den Extremen liegenden Zwischenlösungen nicht etwa nur auf einer
einzigen vermittelnden Formenreihe zwischen Flachmuldentyp und Kerbtaltyp der Tä-
lerlandschaft liegen, sondern daß es verschiedene Reihen solcher vermittelnder
Formeigenschaften gibt."[53]

Büdel ist daher eine gewisse Konsequenz nicht abzusprechen, wenn er von vornherein
auf eine Erklärung der Variationen der Formenkonfiguration von Klimazone zu Klimazone mit Hilfe eines allgemeingültigen Modells der fluvialen Abtragung verzichtet.
Dies zwingt ihn dann freilich zu der Annahme, daß die Formungsprozesse ("Vorgänge")
je nach klimatischen Bedingungen verschieden seien. Dagegen erhebt Rohdenburg mit
Recht den Einwand:

"...die das oberflächlich fließende Wasser und die Massenbewegungen beherrschenden
physikalischen Gesetze müssen natürlich auf der ganzen Erde gleich sein."[54]

---

52) H. LOUIS (1957, S. 18 und 19)

53) H. LOUIS (1957, S. 17). An anderer Stelle (1968) formuliert er das auch so:
"Die Kapitel über die klimatischen Differenzierungen des fluvialen Reliefs
werden zu zeigen haben, in welcher Weise in der Natur modifizierte Lösungen
des Zusammenspiels von Denudation und Erosion auch neben bzw. zwischen diesen
Idealtypen entwickelt sind." Louis behauptet denn auch ganz im Sinne von Büdel
z.B. für den Bereich der Pedimentbildung, daß "ein genetischer Unterschied
gegenüber den Abtragungsverebnungen der wechselfeuchten Tropen besteht" und
konstatiert dementsprechend: "Es verläuft also innerhalb der Flächenbildungszone der Erde mindestens eine wichtige morphogenetische Grenze." (H. LOUIS,
1968a, S. 496)

54) J. ROHDENBURG (1971, S. IX)

Doch zielt Rohdenburg mit seinem Einwand offensichtlich an der Intention Büdels
und, wie wir gesehen haben, auch derjenigen, die Louis' Klassifikation letztlich
zugrundeliegt, vorbei. Nach Büdel

"liegt die Aufgabe der Geomorphologie gerade darin nachzuweisen, warum trotz der
Einheitlichkeit, der physikalischen und chemischen Einzelzüge des fließenden Wassers (seines 'fluvialen Verhaltens') die Reliefzüge des Festlandes, bei denen
fließendes Wasser ja überall mitwirkt, so grundverschieden sind, und wie man diesen Teil der Erscheinungswelt sinnvoll ordnet, indem man gleichartig entstandene
Formengruppen zu Typen zusammenfaßt".55)

Sofern die klimatische Morphologie Aussagen über die Entstehung von Formen macht,
um mit ihrer Hilfe die Formen zu klassifizieren, handelt es sich in vielen Fällen
um bloße Tautologien. Flächen entstehen danach aufgrund "flächenhafter Formungsten-
denz", Täler durch "lineare Zertalung", "linienhafte Einkerbung" oder aber durch
"vorauseilende Tiefenerosion".56)

Nun könnte an dieser Stelle eingewendet werden, daß Begriffe wie "flächenhafte
Abtragung" oder "Zertalung" lediglich als Kürzel zur leichteren Verständigung über
unterschiedliche Fälle fluvialer Abtragung gebraucht würden, nicht aber als Beschreibung von Abtragungsmechanismen selbst. So beinhalten die Beschreibungen fluvialer Abtragungsvorgänge durch die klimatische Morphologie in der Tat ja mehr als
nur die Aussagen, daß Flächenabtragung oder erosive Eintiefung von Gerinnebetten
zu beobachten sei. Auf der Basis z.B. der schon von der "Kräftelehre" formulierten
Hypothese, daß die Erosionsleistung des fließenden Wassers wesentlich von der für
Reibungs- und Transportarbeit zur Verfügung stehenden Energie (auch "Schleppkraft",

---

55) J. BÜDEL (1971, S. 96 f.)

56) Vgl. H. MORTENSEN (1943/44, S. 67 ff.) und (1949) sowie J. BÜDEL (1938) und
(1957a). Nach Büdel ist "Abflachung nur durch die Vorgänge der Flächenbildung
möglich." (1957a, S. 30) Büdel geht sogar soweit zu behaupten, daß Formen
durch Formen entstehen: "Statt dessen zeigt sich, daß auch die höchsten Flächen unmittelbar von der Formengemeinschaft der steilen Erosionstäler ange-
griffen werden, die auch die tieferen zerschneiden." (J. BÜDEL, 1938, S. 230)
Wenngleich diese Aussage absurd ist, ist sie doch nicht gehaltloser als diejenige, daß Flächen durch lineare Zertalung zerstört würden.

"Transportvermögen" oder "Arbeitsfähigkeit") der Vorfluter, ihrer Belastung durch Hangschutt sowie der Widerständigkeit der Bettwandungen gegen Erosion abhängig sei, werden eine Vielzahl von Beobachtungen angestellt, die sich auf diese Variablenbereiche beziehen, um aus deren Einflüssen auf den Formungsmechanismus die Wirkungen des fließenden Wassers beschreibbar zu machen, die vorfindbaren Formen also "erklären" zu können.[57] Allen diesen Beobachtungen ist jedoch gemeinsam, daß sie qualitativer Art sind, allenfalls "Indikatoren" heranziehen, um wenigstens eine vage Vorstellung von der Größenordnung der Variablen zu gewinnen.[58] Mit Hilfe derartiger Beobachtungen läßt sich jedoch weder der Formungsmechanismus schlüssig beschreiben, noch lassen sich die hypothetisch unterstellten Einflüsse dieser Variablen in der Beschreibung der vorgefundenen Form verifizieren. Wenn die Hypothese aufgestellt wird, daß die als Ergebnis des Formungsprozesses entstehende Form von der Größenrelation der Variablen "Schleppkraft", "Schuttbelastung" und "Widerständigkeit" abhänge, dann aber auf eine quantitative Bestimmung dieser Variablen verzichtet wird, bleibt als einziges Kriterium zur Verifikation der Hypothese nur die Form selbst. Damit münden jedoch alle Aussagen über Vorgänge der Entstehung von Oberflächenformen, die die oben beschriebenen Tautologien in empirisch gehaltvolle Sätze aufzulösen suchen, in eine zirkuläre Argumentation:

---

57) Soweit daneben noch "Vorgänge" beobachtet werden, beschränkt sich dies - getreu der Devise F. v. RICHTHOFENS: "Wichtigstes Instrument ist das Auge" (1901, S. 8) - auf unmittelbar mit dem Auge wahrnehmbare Erscheinungen der Materialbewegung, die höchstens einen groben Eindruck vermitteln können, ob sich überhaupt etwas bewegt und welches Ausmaß diese Bewegungen haben. So schreibt etwa J. HÖVERMANN (1967, S. 144 f.): "Man hat...durchaus den Eindruck, daß die Formungsintensität ziemlich groß ist, besonders wenn man bei Sandsturm das intensive Sandtreiben beobachtet, indem auch Kiesel bis zu 2 cm Länge bewegt werden können." Zu dieser Art der Beobachtung von Vorgängen vgl. auch die "Filmaufnahmen der Schotterbewegungen im Wildbach" (H. MORTENSEN/J. HÖVERMANN, 1957)

58) So zieht J. HÖVERMANN (1967, S. 152) bei seinen Untersuchungen der Periglazialregion des Tibesti-Gebirges den Grad der Wüstenlackbildung als Indikator für die Intensität von Schotterbewegungen auf den Hängen heran: "Nach dem Grade der Wüstenlackbildung unterliegen die Hänge einer rascheren Schuttbewegung als die Flächen. Sie erscheinen infolgedessen heller." H. BREMER (1971, S. 28) folgert "aus den regelmäßigen Uferdämmen und den tieferliegenden Umlaufseen ..., daß der Transport in den Flüssen nicht sehr groß ist".

Ausgehend von intuitiv erfahrenen und gestalthaft typisierten Formen werden aus
mehr oder weniger plausiblen Annahmen (einer "Theorie") über die Mechanismen fluvialer Abtragung Hypothesen darüber abgeleitet, daß bei einer nicht näher bestimmten Größenrelation von innerhalb dieser "Theorie" unabhängigen Variablen (wie
"Schuttlast" und "Transportkraft") eine bestimmte Form entsteht. Allein aus der
Existenz dieser Form wird dann geschlossen, daß die Hypothesen gültig sind.

So behauptet Mortensen z.B., daß das Flußlängsgefälle an jedem Punkt eines Fluß-
systems und damit das Flußlängsprofil abhängig ist von dem Verhältnis von Wassermenge und mittlerer Korngröße des zu transportierenden Materials.[59] Dem liegt
die plausible Annahme zugrunde, daß es zum Abtransport groben Materials bei geringer Wassermenge eines starken Gefälles, zum Abtransport feinen Materials bei
großer Wassermenge nur eines geringen Gefälles bedarf.[60] Mortensen findet diese
Hypothese bestätigt durch die konkaven Längsprofile der Flüsse in humiden Klimaten, wo das Gefälle von der Quelle zur Mündung mit zunehmender Wassermenge und
abnehmender Korngröße des Transportmaterials beständig abnimmt.[61] Nun stellt
sich für Mortensen freilich das Problem, daß in ariden Gebieten die Wassermenge

---

59) Nach H. MORTENSEN (1942, S. 45) "strebt der Fluß an jeder Stelle dahin, das-
jenige Gefälle anzunehmen, das gerade ausreicht, um die jeweils dort vorhandenen und angelieferten Flußgeschiebe abzutransportieren". Mortensen will daher "die Ausgleichskurve humider Gebiete...aus der Korngröße der Flußgeschiebe im Verhältnis zu Wassermenge und Gefälle erklären". Als "Endziel" der Erosion nimmt MORTENSEN (1942, S. 47) dementsprechend ein "Mindestgefälle, das
der Wassermenge und Schuttführung entspricht", an.

60) Danach "verlangt bei sonst gleichen Verhältnissen grobes Flußgeröll ein steileres Gefälle, um abtransportiert zu werden, als feineres Geröll oder gar Sand
und Schlick". (H. MORTENSEN, 1942, S. 45)

61) "Normalerweise sind nun in unseren mitteleuropäischen Gebieten und auch sonst
meist die Flußgeschiebe im Oberlaufe grob, was nach dem Gesagten ein steileres
Gefälle erfordert, zumal die Wassermenge dort noch gering ist. Nach dem Unterlauf zu werden die Geschiebe durch allmähliche Aufarbeitung beim Transport
immer kleiner, so daß dort, zumal die Wassermenge größer ist, ein kleineres
Gefälle ausreicht, um die Forderung 'gerade abtransportieren' zu erfüllen."
(H. MORTENSEN, 1942, S. 47)

flußabwärts gemeinhin von irgendeinem Punkt an wieder abnimmt.[62] Es ist daher
für diese Flüsse ohne exakte Messungen nicht feststellbar, ob die Größenrelation
Wassermenge/mittlere Korngröße trotz abnehmender Wassermenge kontinuierlich
wächst, oder aber von einem bestimmten Punkt an trotz abnehmender Korngröße wieder fällt, oder, wie Mortensen sich ausdrückt:

"Es ist nun vom grünen Tisch aus nicht zu entscheiden, welche der beiden Bedingt-
heiten (gemeint sind die Variablen "Wassermenge" und "mittlere Korngröße", Anm.
H. B.) in jedem Einzelfalle die entscheidende sein muß."[63]

Nähme von einem bestimmten Punkt an die Wassermenge schneller ab als die mittlere
Korngröße des zu transportierenden Materials, müßte das Gefälle wieder zunehmen,
d.h. entsprechend Mortensens Regel ein in diesem Bereich konvexes Längsprofil
vorliegen. Nähme dagegen der mittlere Korndurchmesser beständig schneller ab als
die Wassermenge, müßte auch in ariden Gebieten ein konkaves Längsprofil erwartet
werden. Mortensen fährt, nachdem er die Notwendigkeit von Beobachtungen für eine
Entscheidung über die Gültigkeit seiner Regel betont hat, fort:

"Nach meinen Beobachtungen...gibt meist offenbar die Korngröße den Ausschlag
(d.h. vermindert sich schneller als die Wassermenge, Anm. H. B.), sodaß wir das
Auftreten scheinbar humider (d.h. konkaver, Anm. H. B.) Ausgleichsprofile auch
in den ariden Gebieten mit flußabwärts abnehmender Wassermenge als Regel aufstellen können."[64]

Mortensens "Regel" scheint damit als allgemein gültig bestätigt. Das "offenbar"
verrät allerdings den Zirkel in diesem Schluß. Mortensen hat ganz offensichtlich
nur beobachtet, daß sowohl die Wassermenge und die Korngröße wie auch das Flußlängsgefälle in Flußsystemen arider Gebiete ebenfalls flußabwärts "meist" kontinuierlich abnehmen, nicht aber Messungen vorgenommen, die es ihm gestatten würden,
Aussagen über die Größenrelation dieser Variablen zu machen. Der Schluß, daß "die
Korngröße den Ausschlag" gebe, setzt, sofern er sich wie bei Mortensen nicht auf

---

62) "Das Gefälle ist einerseits abhängig von der Wasserführung. Diese nimmt in
der Regel von irgend einem Punkt an flußabwärts ab, was eine erneute Versteilung des Gefälles flußabwärts zur Folge haben könnte. Andererseits ist es abhängig von der Korngröße, und diese nimmt in der Regel talabwärts gleichsinnig ab ..."(H. MORTENSEN, 1942, S. 55 f.).

63) H. MORTENSEN (1942, S. 56)

64) H. MORTENSEN (1942, S. 56), Hervorh. H. B.

Messungen des Flußlängsgefälles, der Korngröße und der Wassermenge stützt, bereits
die Gültigkeit der Regel, die erst zu überprüfen gewesen wäre, auch für diesen
Fall als bestätigt voraus. Mortensen ist sich dieses Zirkels offenbar bewußt, denn
im Nachsatz behauptet er ja als Regel nur noch "das Auftreten scheinbar humider
Ausgleichsprofile auch in den ariden Gebieten" und nicht mehr die Kovariation des
Gefälles mit der Größenrelation Wassermenge/mittlere Korngröße - ohne diese Einschränkung jedoch ausdrücklich hervorzuheben.[65]

Einen vergleichbaren Zirkel formuliert K. Hormann in seiner Beschreibung der Entstehung von konkaven Flußlängsprofilen bei durch Hangschutt nicht ausgelasteten
Gerinnen. Für Hormann reduziert sich Mortensens Erklärung des konkaven Flußlängsprofils auf den Gedanken, "daß durch Annäherung an ein konkaves Profil sich ein
konkaves Profil ergeben muß, auch wenn die Auslastung selbst noch nicht erreicht
ist".[66] Hormann will demgegenüber eine "exaktere Begründung der konkaven Form
des Längsprofils von Resistenzstrecken" liefern.[67] Er geht vom "Normalfall" eines konkaven Flußlängsprofils aus, um nachzuweisen, daß sich durch etwaige "Störungen" (z.B. tektonischer Art) entstandene konvexe Laufstrecken von Gerinnen im
Verlauf der fortdauernden Erosion infolge zeitweilig erhöhter Eintiefungsgeschwindigkeit flußaufwärts verlagern und dabei, indem sich so die unterhalb liegende konkave Laufstrecke vergrößert, das Normalgefälle wiederherstellt.[68] Hormann führt

---

65) An anderer Stelle zieht Mortensen dann aus der Tatsache, daß er seine ursprünglich aufgestellte Regel in ariden Gebieten nur zirkulär verifizieren konnte,
eine andere Konsequenz (die sich schon in der Formulierung, daß "die Korngröße
den Ausschlag" gebe, andeutet), indem er seine Regel ganz fallen läßt und durch
eine andere ersetzt. "Das Bestreben unserer Flüsse, ein konkaves Längsprofil zu
bilden", erklärt er jetzt folgendermaßen: "In Wirklichkeit ist mehr als die
Wassermenge die Korngröße der Flußgeschiebe entscheidend. Der Oberlauf muß so
steil sein, daß der Fluß die dortigen groben Flußgeschiebe gerade noch abtransportieren kann. Entsprechend der flußabwärts abnehmenden Korngröße nimmt auch
das Gefälle ab..." (H. MORTENSEN, 1943/44, S. 58). Diese "Regel" dürfte sich
zwar in grober Näherung verifizieren lassen; ein plausibler theoretischer Zusammenhang zwischen Korngröße und Gefälle allein läßt sich jedoch nicht mehr
herstellen, wenn die die Flußgeschiebe transportierende Wassermenge als irrelevante Größe angesehen wird.

66) K. HORMANN (1963, S. 449). Hormann bezeichnet nicht ausgelastete Gerinne(ab-
schnitte) als "Resistenzstrecken".

67) K. HORMANN (1963, S. 449)

68) K. HORMANN (1963, S. 450) zufolge "verlagert sich ein bei etwa geradem oder konvexem Ausgangsprofil ursprünglich am Unterende gelegenes Maximum der Eintiefungsgeschwindigkeit mit der Zeit flußaufwärts. Dadurch vergrößert sich die unterhalb gelegene konkave Strecke".

dies darauf zurück, daß die Eintiefungsgeschwindigkeit des Gerinnes in jedem Punkte eines konvexen Gefällsabschnittes im Laufe der Entwicklung kontinuierlich zunimmt. Ohne diese Argumentation weiter zu verfolgen, soll hier nur Hormanns "Beweis" für die Behauptung nachgegangen werden, daß die Eintiefungsgeschwindigkeit auf konvexen Laufstrecken in der Zeit kontinuierlich zunimmt.

Aus der Annahme, daß die Eintiefungsgeschwindigkeit von Flüssen (unter sonst überall gleichen Bedingungen) mit dem Gefälle zunimmt, schließt Hormann, daß auf einer konvexen Laufstrecke die Eintiefungsgeschwindigkeit flußabwärts (räumlich) kontinuierlich wächst, daß der Höhenunterschied zwischen zwei beliebigen Punkten dieser Laufstrecke sich daher (zeitlich) kontinuierlich vergrößere. Da dadurch aber in der Zeit an jedem Punkte der konvexen Laufstrecke das Gefälle zunehme, nehme auch die Eintiefungsgeschwindigkeit an jedem Punkte in der Zeit kontinuierlich zu.[69]

Diese Ableitung überträgt Hormann nun auf natürliche Flußsysteme (wo selbstverständlich nicht überall gleiche Bedingungen herrschen) und behauptet, daß jeder konvexe, durch "Störung" entstandene, Flußabschnitt zuerst ein "Stadium 1" mit zunehmender Eintiefungsgeschwindigkeit durchlaufe, um dann in ein "Stadium 2" mit abnehmender Eintiefungsgeschwindigkeit und dementsprechend konkavem Längsgefälle überzugehen:

"Wenn auf einer Resistenzstrecke durch einfache Störung, z.B. durch eine Verwerfung oder Kippung, eine Belebung der Erosion erfolgt, dann durchlaufen alle Punkte der Strecke zunächst ein Stadium - das ich Stadium 1 nenne -, in dem die Eintiefungsgeschwindigkeit zeitlich zunimmt, und anschließend ein Stadium - das ich Stadium 2 nenne -, in dem sie abnimmt. ... Im homogenen Gestein liegen die Punkte im Stadium 1 auf einem konvexen Profilabschnitt, die Punkte im Stadium 2 auf einem konkaven."[70]

Wie Mortensen verifiziert Hormann diese Hypothese, statt seine Behauptung über die Eintiefungsgeschwindigkeit durch Messung zu überprüfen, durch einen Zirkelschluß. Er führt aus:

---

69) K. HORMANN (1963, S. 451 f.)

70) K. HORMANN (1963, S. 452)

"In der Praxis wird man kaum die Eintiefungsgeschwindigkeit auf einer Resistenzstrecke messen können geschweige denn feststellen, ob sie ab- oder zunimmt."[71] -

und stellt sich dann die Frage:

"Welche anderen Kriterien können an seine (des Kriteriums der Eintiefungsgeschwindigkeit, Anm. H. B.) Stelle treten?"[72]

In Ermangelung von Messungen der Eintiefungsgeschwindigkeit greift Hormann auf
Beobachtungen der Gefällsverhältnisse, deren Entstehung er erklären wollte, zu-
rück, um aus ihnen auf die Gültigkeit seiner Hypothese über die Entstehung der
Gefällsverhältnisse zu "schließen": Aus konkavem Längsprofil "schließt" er auf
in der Zeit abnehmende Eintiefungsgeschwindigkeit ("Stadium 2"), aus konvexem
Längsprofil auf in der Zeit zunehmende Eintiefungsgeschwindigkeit ("Stadium 1").[73]

Den tautologischen Definitionen der Formungsvorgänge einerseits, der zirkulären
Beschreibung von Einflüssen variabler Größen auf die Ergebnisse der Formungsprozesse andererseits, liegt eine Forschungspraxis zugrunde, die aufgrund ihrer Tradition als ihren wesentlichen Gegenstand nur das Relief selbst ansieht[74], dabei

---

71) K. HORMANN (1963, S. 453)

72) K. HORMANN (1963, S. 454)

73) "Aus konkavem Längsprofil könnte man z.B. auf Stadium 2 schließen..." (K. HOR-
MANN, 1963, S. 454)

74) "Gegenstand und Grundlage dieser Betrachtungsweise (der klimatischen Geomorphologie, Anm. H. B.) sind nicht die Vorgänge und nicht die Klimazonen, sondern die Oberflächenformen der Erde..." (J. HÖVERMANN, 1965, S. 19). J. BÜDEL
(1971, S. 32) spricht in diesem Zusammenhang von "einem bestimmten geomorphologischen Prinzip, dessen Kern die Analyse der Abtragungsformen selbst darstellt". Er hebt im Zusammenhang seiner Analyse des Entstehungsmechanismus
der Rumpfflächen hervor: "Wir legen Wert darauf, daß dieses Ergebnis nicht
aufgrund theoretischer Ableitungen gewonnen wurde. Wir gingen vielmehr - wie
immer - von der genauen Beobachtung und Analyse des Reliefs selbst aus."
(J. BÜDEL, 1971, S. 36). Vgl. auch H. MORTENSEN (1943/44, S. 40), J. BÜDEL
(1971, S. 3, 82, 109, 114 und 125) sowie ders. (1970, S. 25).
Ein Vorläufer in dieser Tradition ist auch W. M. Davis. Vgl. dazu Abschnitt
3.2 dieser Arbeit, S.71 ff.

aber annimmt, daß die Oberflächenformen den Formungsmechanismus "widerspiegeln"[75],
weil sie diesen zumindest als vage Vorstellung zugrundelegen muß, um brauchbare
und damit scheinbar begründete Typologien entwickeln zu können.

Indem die klimatische Morphologie aber die Ergebnisse bzw. Wirkungen von Formungs-
prozessen, also die Gestaltmerkmale des Reliefs, die ja tatsächlich je nach Aus-
gangs- und Randbedingungen verschieden sind, als Repräsentation ("Widerspiegelun-
gen") der Formungsprozesse (die natürlich, wenn sie als gesetzmäßige Kovariation
von Einflußgrößen begriffen werden, "überall gleich" sind) annimmt, kommt sie fol-
gerichtig zu der von Rohdenburg kritisierten Auffassung, daß unterschiedliche
Typen des fluvialen Abtragungsreliefs auf unterschiedliche Formungsmechanismen
zurückzuführen seien. Dies entspricht überdies dem Programm der klimatischen Morphologie, die örtlichen Verschiedenheiten des Reliefs auf unterschiedliche (klimatische) Bedindungen zurückzuführen.

Dieser Ansatz setzt, da er typische Gestaltmerkmale des Reliefs bestimmter Regionen zu qualitativ definierbaren Formenklassen zusammenzufassen und mit den jeweils
herrschenden klimatischen Bedingungen zu korrelieren sucht, notwendig die bei Louis
und auch Büdel explizit formulierte Annahme eines "Gleichgewichts" zwischen Reliefgestalt und vorliegender Bedingungskonstellation, d.h. eine in der Zeit bei
unveränderten klimatischen Bedingungen gleichbleibende Formenkonfiguration, vor-

---

75) "Volle Reliefwirksamkeit besitzt nur der Formungsmechanismus im ganzen. Diese
Wirksamkeit aber ist es, die sich im Relief widerspiegelt. Die wesentlichen
Züge jedes Formungsmechanismus sind daher am ehesten aus der Analyse der von
diesem erzeugten Reliefgestalt zu erkennen." (J. BÜDEL, 1971, S. 6). Ähnlich
galt ja auch Louis das Flußlängsgefälle als "Abbild" des Energiehaushalts
(vgl. oben, S.111).
Die Vertreter der klimatischen Geomorphologie sind, wie die traditionelle Geomorphologie überhaupt, generell der Auffassung, daß die Formungsmechanismen
aus dem Relief abzuleiten und am Relief zu überprüfen seien. So behauptet H.
BREMER (1971, S. 157): "Aus der Formenanalyse läßt sich also für tropische
Flüsse eine von den Ektropen abweichende Dynamik herleiten." und J. HÖVERMANN
(1967, S. 143) behauptet: "Hier und an vielen anderen Schichtstufen dieses
Bereiches ist der Mechanismus der Hangformung aus dem Formenschatz und aus
der Größenabfolge der Schuttpartikel abzulesen."

aus.[76] Formveränderungen in der Zeit haben dieser Annahme entsprechend für die klimatische Morphologie ihre Ursachen immer nur in Veränderungen der klimatischen Bedingungen und werden nur für Perioden der Anpassung des Reliefs an die neuen Bedingungen unterstellt.[77] Soweit sich die Oberflächenformen der Erde den gegenwärtigen klimatischen Bedingungen noch nicht angepaßt haben, werden sie als "fossile", "Vorzeit-" oder "Reliktformen" betrachtet, die sich jedoch wiederum in früheren erdgeschichtlichen Perioden herrschenden Klimabedingungen, mit denen sie sich seinerzeit im Gleichgewicht befunden haben, zuordnen lassen.[78] Die Annahme eines "Gleichgewichts" zur Korrelation klimatisch bestimmter Einflußgrößen des Formungsmechanismus mit Gestaltmerkmalen des Reliefs, wie sie ja beispielsweise auch die "Regime-Theorie" bei ihrer Beschreibung "stabiler" Flußsysteme macht[79], kann als durchaus sinnvoll bezeichnet werden. Auf der Basis dieser Annahme ließe sich die Kovariation z.B. der Hangneigung und des Flußlängsgefälles als abhängige Variablen mit der Wassermenge und Denudationsintensität als unabhängige Variablen beschreiben. Dies setzte allerdings eine systemtheoretische Formulierung des Gleich-

---

76) J. BÜDEL (1950, S. 74) spricht in diesem Zusammenhang von "Harmonie", H. LOUIS (1961, S. 202) vom "Einklang" der "Talbildung mit den gegenwärtigen Klimaverhältnissen" oder auch (1968, S. 113) von einem "stationären Zustand des Gesamtsystems". Vgl. auch J. BÜDEL (1963, S. 281) und ders. 1971, S. 31 und 87) sowie schon S. PASSARGE (1912, S. 112) und (1926, S. 173)

77) J. BÜDEL (1971, S. 122) behauptet, "daß im unmittelbaren Anschluß an solche großen Klimaumbrüche die Formbildungsvorgänge in kurzer Zeit sehr große Reliefwirkungen hervorbringen, bis sich das gesamte Gleichgewicht dieser Prozesse auf die neuen Bedingungen eingestellt hat und ein Reifezustand (der Flußeintiefung, der Tallängsprofile, Reifezustände der Bodenbildung usw.) erreicht ist...". Zwar bestreitet die klimatische Geomorphologie nicht, daß Formveränderungen auch infolge "tektonischer Bewegungen eintreten. Diese Formveränderungen sind allerdings für ihr Klassifikationssystem irrelevant."

78) Es wird daher als eine vordringliche Aufgabe der klimatischen Geomorphologie angesehen, die Fossilien von den rezenten Formen bzw. Formmerkmalen zu unterscheiden und die fossilen Formen entsprechenden Vorzeitklimaten zuzuordnen. Vgl. H. MORTENSEN (1930) und ders. (1943/44). H. Rohdenburg hebt Büdel gegenüber, der dieses Verfahren unter dem Namen der "klima-genetischen Geomorphologie" als einen neuen (von ihm entwickelten) Zweig der klimatischen Geomorphologie deklariert (J. BÜDEL, 1963, S. 281 und 1971, S. 136), hervor, "daß Büdels klima-genetische Geomorphologie nicht über den Ansatz der klimatischen Morphologie hinausführe, in Wirklichkeit klimatische Geomorphologie" sei (H. ROHDENBURG, 1971, S. X).

79) Vgl. L. B. LEOPOLD/Th. MADDOCK (1953, S. 45)

gewichts innerhalb eines physikalischen Kategorienrahmens voraus, die Hypothesen
über Verhaltenskonstanzen im Gleichgewichtszustand und schließlich auch über Re-
aktionen des Systems auf Veränderungen der unabhängigen Variablen aufzustellen
und zu überprüfen gestattete. Ein derartiges System, das dann die Verhaltenskonstanzen von Variablen des Formungsprozesses beschriebe, erlaubte erst, Kriterien
für die Auswahl relevanter Klimadaten einerseits, relevanter Gestaltmerkmale andererseits zu gewinnen, machte es auch erst möglich, zugleich aber auch notwendig,
Meßoperationen vorzunehmen.

Den Vertretern der klimatischen Geomorphologie ist das zuletzt angedeutete Problem der Auswahl relevanter Beobachtungsdaten durchaus bewußt, und sie bestehen
daher zu Recht immer wieder darauf, daß die Oberflächenformen nicht zu Klimaten
ins Verhältnis gesetzt werden dürften, die nach anderen als morphologischen Gesichtspunkten definiert wurden[80], und machen überdies geltend, daß nur eine Beschreibung der Formungsvorgänge die Auswahl relevanter Daten erlaube bzw. gestat-
te.[81] Gleichwohl verzichtet die klimatische Morphologie auf eine Explikation des
behaupteten Gleichgewichts in Form eines Systems von physikalischen Variablen.[82]

---

80) Vgl. H. MORTENSEN (1930, S. 155), J. BÜDEL (1950, S. 72) und ders. (1971,
    S. 105) sowie J. HÖVERMANN (1965, S. 16 und 18)

81) "Es ist nötig, den Mechanismus des Formungsvorganges für sich zu erfassen, wie
    er unmittelbar aus den wirkenden Kräften und den zur Verfügung stehenden An-
    griffsobjekten, aber gewissermaßen losgelöst vom Klima, zu erklären ist. Erst
    dann wird man in der Lage sein, zu beurteilen, in welchen Klimaten und unter
    welchen sonstigen Bedingungen, die auf den ersten Blick mit dem Klima des Aus-
    gangsgebietes nichts zu tun haben mögen, ähnliche oder gar gleiche Formen ent-
    stehen können und müssen...Erst wenn man in dieser Weise versucht, an die
    wirklichen Gesetzmäßigkeiten der Oberflächenformung heranzukommen, wird man in
    der Lage sein, Behauptungen über das Auftreten klimatypischer Formen einer-
    seits und vorzeitlicher Formen andererseits so aufzustellen, daß Einwände
    nicht mehr möglich sind." (H. MORTENSEN, 1930, S. 155). Vgl. auch H. MORTENSEN
    (1943/44, S. 44 f.) und J. BÜDEL (1950, S. 73 f.). Büdels Forderung, daß die
    "'klima-morphologischen Zonen'...nicht als Zonen gleicher Reliefgestalt...son-
    dern allein als Zonen der Herrschaft gleichartiger Formungs-Mechanismen in der
    Gegenwart" zu betrachten seien (J. BÜDEL, 1971, S. 9 f.), bleibt jedoch solan-
    ge sinnlos, wie er "die Gesetzmäßigkeiten der Reliefbildung...nur aus den Er-
    scheinungen des Reliefs selbst ableiten" will. (J. BÜDEL, 1971, S. 125)

82) Insofern ist auch die vielzitierte Alternative: "klimatische Morphologie" -
    "Morphologie der Klimazonen" (vgl. J. HÖVERMANN, 1965 und H. LOUIS, 1968,
    S. 4) eine Scheinalternative. Am Relief lassen sich die Kriterien für eine
    Auswahl relevanter Klimadaten ebenso wenig ablesen, wie sich umgekehrt aus
    dem Klima die auf klimatische Bedingungen zurückführbaren Gestaltmerkmale ab-
    leiten lassen.

Das "Gleichgewicht" fungiert als "black box", die einen allenfalls intuitiven theoretischen Zusammenhang zwischen vage bezeichneten Klimaten (wie "tropisches", "wechselfeuchtes", "mediterranes", "humides" oder "subpolares Klima")[83] und ebenso vage erfaßten Typen der Reliefgestalt herzustellen, nicht aber Hypothesen über einen durch exakte Messungen prüfbaren Zusammenhang z.b. zwischen Wassermenge und Denudationsintensität einerseits, Hangneigung und Flußlängsgefälle andererseits abzuleiten erlaubt.[84]

Damit aber werden alle Aussagen, die den nur intuitiv erfaßten Zusammenhang zwischen Klima und als Ergebnis des Formungsprozesses entstandenen Formen zu be-

---

83) Soweit grobe Zahlenwerte der Niederschlagsmenge und Temperatur angegeben werden, sind dies Schätzungen, die als Zahlenwerte in keinerlei theoretischem Zusammenhang mit den ihnen zugeordneten Relieftypen stehen. Es ist also offensichtlich doch nicht so "selbstverständlich", wie H. MORTENSEN (1930, S. 155) annahm, "daß man sich nicht damit begnügen darf, einen mehr oder minder unbestimmten Zusammenhang zwischen Klima und Oberflächenformen festzustellen".

84) Hövermann erachtet es daher auch als wenig lohnenswert, entsprechende Messungen durchzuführen: "Versuche, die hier gekennzeichneten Hangtypen auch messend zu erfassen und nach charakteristischen Böschungswinkeln zu unterscheiden, haben nicht zum Ziele geführt. Damit ist zwar noch nicht bewiesen, daß die Hangformung in bestimmten Abtragungsregionen nicht zu charakteristischen Böschungswinkeln tendiert, die sich bei einer massenstatistischen Untersuchung fassen lassen. Die Aussichten dafür scheinen aber gering, wenn man sich überlegt, daß bei allen hier behandelten Typen sämtliche Hangwinkel auftreten können und auftreten und daß die Häufung bestimmter Hangwinkel nicht nur von der Formungsregion, sondern auch vom Reliefgrade, von Vorzeitformen und dem Gesteinsverhältnissen abhängt." (1967, S. 154). Damit macht er einmal mehr deutlich, daß ungezielte Messungen ohne eine Theorie, aus der sich die Einflüsse von variablen Größen hypothetisch ableiten lassen, in der Tat sinnlos sind. Dies ist jedoch weniger ein Argument gegen Messungen als gegen einen Forschungsansatz, der nicht auf Entwicklung von Theorien und Überprüfung von daraus abgeleiteten Hypothesen gerichtet ist, sondern auf eine klassifikatorische Erfassung qualitativer Gestaltmerkmale des Reliefs.
In diesem Zusammenhang erscheint es bezeichnend, daß dort, wo in neuerer Zeit Meßverfahren in die Forschungspraxis Eingang gefunden haben, Indikatoren für "Vorgänge", nicht aber Variablen von Prozessen gemessen werden (vgl. die morphometrische Schotteranalyse, morphoskopische Sandanalyse, Korngrößenmessungen usw.). Die Vertreter dieser "modernen" Geomorphologie tun damit - wenn auch mit verfeinerten Verfahren - forschungslogisch nichts anderes als ihre (Doktor-)Väter.

schreiben suchen, ebenfalls zirkulär.[85] Hövermann sieht daher zu Recht die

"Schwierigkeit dieses neuen (klimamorphologischen, Anm. H. B.) Ansatzes" darin,

daß

"die Interpretation der Oberflächenformen aus klimatisch bedingten Abtragungs-
verhältnissen den Rückschluß aus den Formen auf die Auswirkungen der Abtragung
erforderte, sobald man in der Aussage über die allgemeine Kennzeichnung der Abtragungsvorgänge, wie sie in der sogenannten 'Kräftelehre' auch schon in den
älteren Lehrbüchern der Geomorphologie enthalten ist, hinausgehen wollte. Überspitzt ausgedrückt leitete man in der klimatischen Morphologie aus den Oberflächenformen Abtragungsbedingungen ab, die man bestimmten Klimaverhältnissen zu-
schrieb, um dann aus eben diesen Klimaverhältnissen die Oberflächenformen zu
erklären.[86]

Der zirkuläre Charakter von Aussagen, die die Oberflächenformen auf klimatische
Bedingungen zurückführen wollen, ohne doch den Formungsmechanismus theoretisch
beschreiben zu können, tritt am deutlichsten dort hervor, wo die klimatische Morphologie die klimatischen Entstehungsbedingungen von Vorzeitformen herleitet, wo
sie sich also nicht auf Aussagen über die Koinzidenz von Formmerkmalen und Klimadaten beschränken kann, sondern behaupten muß, daß bestimmte Formmerkmale unter
bestimmten anderen als den heutigen klimatischen Bedingungen entstanden sein müssen.[87]

---

85) L. K. LUSTIG (1965, S. 96) wirft in diesem Zusammenhang Melton, einem amerikanischen Vertreter der klimatischen Geomorphologie, "intertwining of hypotheses
and fact" vor und begründet dies folgendermaßen: "Melton has simply equated the
occurrence of boulders with cold climates, which are presumed to produce boulders from outcrops because of the numbers of freeze-thaw cycles per year. The
data that are presented are not relevant to this paleo-climatic-assertion."
Bezeichnend ist die Replik von M. A. MELTON (1965a, S. 105 f.): "Geomorphology
has a long history of processes that do not proceed, but the situation will not
be rectified by those who would study the processes without understanding the
natural controls of the intensities of action." - als ob das Studium der
Prozesse die Analyse der "natural controls" ausschlösse.

86) J. HÖVERMANN (1965, S. 12)

87) So behauptet H. MORTENSEN (1949, S. 3): "Während der Entstehung der miozänen
Rumpffläche und der Ablagerung der Sande muß ein arideres Klima geherrscht haben als heute." Bei Mortensen wird der Zirkel, der aus den Formen die klimatischen Bedingungen ihrer Entstehung ableitet, um anschließend die Formen auf
diese Bedingungen zurückzuführen, deutlich, von Mortensen selbst aber auch als
"Beweislücke" empfunden, wenn er zum Abschluß seines Aufsatzes schreibt: "Die
für das aride Gebiet geltenden Angaben sind nämlich vorwiegend nur aus den
Formen und dem Landschaftsbild erschlossen..." (H. MORTENSEN, 1949, S. 12).

Büdel formuliert z.B. einen derartigen Zirkel, indem er fossile Flächenreste in Mitteleuropa "mit Hilfe der Theorie der doppelten Einebnungsflächen...genetisch zu deuten" sucht.[88] Er behauptet, daß die Altflächenreste "echte, heute nach ihrer Entstehungszeit und ihrem Werdegang genau datier- und bestimmbare Rumpfflächen darstellen"[89], die ihm zufolge nur in den feuchten Tropen gebildet werden können.[90] Büdel fährt dann fort:

"Ja, die Erhaltung dieser fossilen Altflächen...ist so gut, daß wir umgekehrt aus ihren heute noch zu beobachtenden Einzelheiten (Randpedimente, Schildinselberge, kuppige Alblandschaft) Rückschlüsse auf die Verhältnisse in den heutigen Tropen bzw. auf die besondere Art der damals bei uns herrschenden Tropenklimate ziehen können."[91]

Bei Rohdenburg erscheint dieser Zirkel in seiner Charakterisierung des von ihm eingeschlagenen Weges, die klimatischen Entstehungsbedingungen bestimmter Gestaltmerkmale des Reliefs zu analysieren:

"Nachfolgend wollen wir den Versuch einer Deutung dieses Alternierens von starker Abtragung und Reliefstabilität auf den Hängen machen, der ausdrücklich als rein hypothetisch gekennzeichnet werden muß, da zur Zeit unabhängige Paläoklimakriterien zur Prüfung dieser Hypothese nicht in ausreichender Zahl zur Verfügung stehen. Es soll zugleich betont werden, daß eine etwaige Fehldeutung der späteren Ausführungen über die geomorphologischen Auswirkungen der Klimawechsel nicht wesentlich beeinträchtigen würde, da letztere überwiegend auf empirisch beobachteten Tatsachen beruhen. Der Deutungsversuch dient auch nur zur Klärung, welche Klimaelemente sich geändert haben müssen..."[92]

Was den Vertretern der klimatischen Geomorphologie ihre Behauptung von der Abhängigkeit der Reliefgestalt von klimatischen Bedingungen trotz alledem so plausibel erscheinen läßt, ist die immer wieder nachgewiesene zonale Abfolge von Relieftypen - läßt sich doch aufgrund der Tatsache, daß auch das Klima (nicht aber die Gesteinsstruktur und die Krustenbewegungen) eine regelhafte zonale Variation auf der Erdoberfläche aufweist, vermuten, daß die bezeichneten Relieftypen klimatisch bedingt sind. Allerdings läßt sich eben auch nur vermuten, daß sie klimatisch bedingt sind, nicht aber beschreiben, aufgrund welcher Gesetze der Formungsmechanis-

---

88) J. BÜDEL (1957, S. 125)

89) J. BÜDEL (1957, S. 220 f.) Hervorh. H. B.

90) J. BÜDEL (1957, S. 223)

91) J. BÜDEL (1957, S. 221)

92) H. ROHDENBURG (1971, S. 37), Hervorh. H. B.

men unter veränderten Klimabedingungen veränderte Oberflächenformen entstehen. Es
ist daher nur konsequent, wenn sich für die klimatische Geomorphologie die Begriffe "Gesetz" oder "Regelhaftigkeit" auf "Verbreitungsgesetz", "Gesetzmäßigkeit der
Abwandlungen von Pol zu Pol" oder "Regelmäßigkeit der Verteilung auf der Erdoberfläche" reduzieren.[93] Mit dieser Form von "Gesetzes-Aussagen", die den "charakteristischen Formenwandel"[94] und damit die regionale Variation der Oberflächengestalt der Erde zum Inhalt haben, um auf dieser Basis die Oberflächenformen klassifikatorisch zu ordnen[95], trägt die Geomorphologie zwar der methodologischen
Objektdefinition der Geographie und dem geographisch begründeten Primat der Beschreibung der Oberflächenformen gegenüber deren Erklärung[96] Rechnung - wird "in
Wahrheit erst zu einer Teilwissenschaft der Geographie"[97]; zugleich aber steht
diese Form von "Gesetzesaussagen", verbunden mit dem Ziel regional-klassifikato-
rischer Beschreibung des Reliefs, einer Forschung entgegen, die die Analyse der
Gesetzmäßigkeiten von Formungsmechanismen voranzutreiben vermöchte: die Formulierung von "Verbreitungsgesetzen" und die darauf aufbauenden Klassifikationssysteme
setzen zwar immer schon Annahmen über die Entstehung von Oberflächenformen voraus,
sofern die Regelhaftigkeit der Verbreitung auf das Klima zurückgeführt und die
Verbreitung als Gesetzen folgend begriffen wird. Da aber diese Annahmen nicht in
einer prüfbaren Form expliziert werden, sind sie "einem organisierten Wechselspiel
zwischen Theorie und Empirie"[98] entzogen: Durch Prüfung allein von Aussagen über
das regionale Auftreten qualitativ-gestalthaft beschriebener Relieftypen lassen

---

93) J. BÜDEL (1950, S. 71 ff.), (1957a, S. 7f.) und (1963, S. 269ff.) sowie H.
   LOUIS (1968, S. 386). Auch H. MORTENSENS "Gesetz der Wüstenbildung (1950),
   das eine "regional-klimatische Erklärung der verschiedenen Wüstentypen" zu
   geben versucht, beschreibt letztlich nicht mehr als eine regelhafte Abfolge
   "Kernwüste"-"Mittelwüste"-"Randwüste"-"Steppe", da es den Formenwandel auf
   eine quantitative Variation der Formungsintensität von fließendem Wasser einerseits, Wind und Schwerkraft andererseits zurückführt, das Maß der Formungsintensität jedoch wiederum nur der Formenwandel selbst ist.

94) J. HÖVERMANN (1967, S. 140)

95) J. BÜDEL (1971, S. 19) betrachtet die "Aufstellung solcher Zonen als Ordnungs-
   prinzip der Mannigfaltigkeit der Naturerscheinungen" für die Geomorphologie.

96) G. HARD (1973a, S. 31) weist - allerdings für die Physische Geographie generell - auf den "relative(n) Eigenwert und Eigenstand, welcher der Beschreibung praktisch zugebilligt wird", hin.

97) J. BÜDEL (1963, S. 273) - vgl. Abschnitt 3.3 dieser Arbeit

98) G. HARD (1973a, S. 31)

sich die Annahmen über die Formungsmechanismen weder verifizieren noch falsifi-
zieren. Wenngleich die klimatische Morphologie, wie überhaupt die traditionelle
Geomorphologie, immer wieder die Notwendigkeit einer Analyse der Formbildungsvorgänge betont (und betonen muß), schließt ihr Forschungsansatz diese Analyse doch
gleichzeitig aus.

4. ZUSAMMENFASSUNG UND SCHLUSSFOLGERUNGEN

Die vorliegende Arbeit ging von der These aus, daß die Entwicklung der deutschen
Geomorphologie maßgeblich durch ihre Rolle als Lieferantin von "Basiswissen" für
die das Mensch-Natur-Verhältnis behandelnde traditionelle länder- und landschaftskundliche Geographie bestimmt worden ist. In dieser Rolle unterlag die Geomorphologie als Teildisziplin der Allgemeinen Physischen Geographie bis heute dem Anspruch,
1. der Beschreibung der Oberflächenformen gegenüber der Erklärung ihrer Entstehung
   ein Primat einzuräumen,
2. die Oberflächenformen unter dem Gesichtspunkt ihrer Bedeutung für die geographische Theorie des Mensch-Natur-Verhältnisses zu beschreiben und
3. Prinzipien der Verbreitung der von ihr beschriebenen Relieftypen auf der Erde
   zu formulieren.[1]

Parallelen zur "klimageogr."

Die Entstehung dieser Maximen für die Forschung der Geomorphologie erklärt sich
daraus, daß die Geographie einerseits, nachdem sie sich dem herrschenden empiristischen Methodenideal unterworfen hatte, gezwungen war, soweit sie (in der Allgemeinen Physischen Geographie) Naturerscheinungen zum Gegenstand hatte, sich gegenüber

---

1) Vgl. dazu in allerjüngster Zeit H. UHLIG (1970), der die Geomorphologie als
   geographische Disziplin auf eine "Reliefgeographie" reduzieren möchte und damit konsequent zur Position Ritters (vgl. Abschnitt 2.1 dieser Arbeit, S.15
   zurückkehrt.

(vgl. Blüthgen, Einleitung)

konkurrierenden Naturwissenschaften wissenschaftlich zu legitimieren, andererseits
aber dem gesellschaftlichen Interesse an ökonomisch und politisch verwertbaren Informationen über Ressourcen "ferner Länder" Rechnung zu tragen und daher ihre traditionelle länderkundliche Reiseforschungspraxis, damit aber auch die Einheit der
Geographie, aufrechtzuerhalten hatte.

Die Disziplinen der Allgemeinen Physischen Geographie glaubten, indem sie die seit
Ritter von der Geographie zur Analyse des Mensch-Natur-Verhältnisses angewendete
und dann von Peschel auch auf die Geomorphologie übertragene, spezifisch "geographische", regional-vergleichende Methode zum Kriterium ihrer Besonderheit erhoben,
ihre Existenzberechtigung als naturwissenschaftliche Disziplinen neben einer Reihe
von Naturwissenschaften, die den gleichen Gegenstandsbereich bearbeiteten, unter
Beweis stellen zu können, ohne doch den Zusammenhang mit der Geographie aufgeben
zu müssen. Diese methodologische Selbstdefinition der Allgemeinen Physischen Geographie im Rahmen der Geographie, die sich aus der Reflexion auf die Forschungspraxis der Entdeckungsreisenden herleitete, erlaubte darüberhinaus, auch weiterhin, jetzt aber "wissenschaftlich", das von außen an die Geographie herangetrage-
ne gesellschaftliche Interesse an einer umfassenden Beschreibung von Land und Leuten "ferner Länder" zu befriedigen.

Die Entwicklung der Geomorphologie macht allerdings deutlich, daß sich die angeführten geographischen Maximen mit dem Status selbst einer "nur" beschreibenden
Naturwissenschaft nicht in Einklang bringen lassen. Zwar erwies sich die regional-vergleichende Methode als heuristisches Prinzip für eine erste klassifikatorische Ordnung des Gegenstandsbereiches der Geomorphologie durch die "Kräftelehre"
als durchaus brauchbar, erlaubte sie doch, die Oberflächenformen bestimmten, die
Abtragung bewirkenden Transportmitteln ("Agentien") zuzuordnen. In dem Maße jedoch,
wie die "Kräftelehre" im Anschluß an naturwissenschaftliche Methodenideale die
Erforschung der Dynamik der Transportmittel und der Formungsmechanismen zum Programm erhob, erwies sich die vergleichende Methode als unzureichend. Umgekehrt
ließ sich aber auch das Programm einer Analyse der physikalischen Gesetzmäßigkeiten von Formungsmechanismen nicht mit dem Ziel einer klassifikatorischen Beschreibung der für die damalige anthropogeographische Theorie des Mensch-Natur-Verhältnisses relevanten Gestaltmerkmale des Reliefs zur Deckung bringen.

Die der "Kräftelehre" folgenden Forschungsansätze der Geomorphologie - das Modell
zyklischer Evolution der Oberflächenformen von William Morris Davis und die klimatische Geomorphologie - konnten diesen Widerspruch zwar vermeiden, freilich
nur, indem sie die Analyse der Formungsmechanismen aussparten. Die Prozesse der
Entstehung von Oberflächenformen sind innerhalb dieser Ansätze nicht Gegenstand
der Forschung, sondern nur "Mittel" zum Zweck einer klassifizierenden Beschreibung von Relieftypen.[2] Das Peschel'sche Vorhaben, mithilfe der regional-verglei-
chenden Methode die Entstehung von Oberflächenformen zu beschreiben, verkehrt
sich schließlich, entsprechend der methodologischen Gegenstandsdefinition der
Geographie, in der klimatischen Geomorphologie dahingehend, daß jetzt die "Verbreitungsgesetze" von qualitativ-gestalthaft beschriebenen Relieftypen mithilfe
von Annahmen über die Entstehung von Oberflächenformen ermittelt werden sollen.
Indem für die klimatische Morphologie wie auch für die Modelle von Davis und
Walther Penck, obwohl sie immer auch Annahmen über die Formungsmechanismen enthalten müssen, relevanter Beobachtungsgegenstand nur die Oberflächenformen (und
bei der klimatischen Morphologie zusätzlich deren Verbreitung) sind[3], können
diese die Gestaltmerkmale des Reliefs nur durch Zirkelschlüsse zu vermuteten
Variablen der Formungsprozesse in Beziehung setzen.[4]

---

2) So führt J. BÜDEL (1971, S. 122) aus, "daß die Aufklärung der Prozeßabläufe
   zwar ein entscheidendes 'Mittel zum Zweck', daß aber das Endziel der Geomorphologie doch die Erklärung der Folgen dieser Prozesse, d.h. das durch sie ge-
   schaffene und als langandauernde Form in die Kruste eingekerbte R e l i e f -
   b i l d   s e l b s t   i s t ." Der Nachsatz: "d.h. das...Reliefbild selbst",
   macht deutlich, daß es Büdel eben nicht um die Erklärung, sondern nur um das
   Reliefbild geht. Ganz ähnlich, wenn auch auf die Geographie insgesamt bezogen,
   formuliert A. HETTNER (1927. S. 253): "Aber es ist eine merkwürdig schiefe Auffassung, als ob ursächliche Erklärung in einer Unterordnung unter allgemeine Gesetze bestände. Diese ist vielmehr immer nur das Werkzeug der Erklärung."

3) Vgl. R. J. CHORLEY (1967, S. 85): "So we find that, on closer examination, such
   apparently disparate approaches to geomorphology as...climatic geomorphology,
   the Davis cycle, and the Penck geomorphic system are all based upon gross intuitive assumptions regarding the significant behavioural patterns of landform
   assemblages, all falsely give the impression that they are based upon detailed
   knowledge of geomorphological processes, and are all simply concerned with the
   landform outputs which are supposed to result from combinations of process and
   tectonic inputs."

4) R. J. CHORLEY, der diese Forschungsansätze zu den "blackbox general system models"
   rechnet, behauptet dementsprechend: "The most difficult types of model to test
   are some of the natural analogue system and the black-box general system models
   .... Thus, for example, certain denudation chronology models and the cycle of
   erosion involve so many built-in assumptions that any testing to which they
   have been subjected usually develops into circular reasoning..." (R. J. CHORLEY,
   1967, S. 90).

Hatte die regional-klassifikatorische Beschreibung des Reliefs im 19. Jahrhundert noch dem gesellschaftlichen Interesse an standardisierten Informationen über die Zugänglichkeit bis dahin unbekannter Regionen der Erde entsprochen, so verlor sie im 20. Jahrhundert zunehmend an Bedeutung und kann heute unter praktischen Gesichtspunkten als irrelevant bezeichnet werden. Informationen über die absoluten und relativen Höhen bestimmter Regionen sowie über ihre Reliefenergie lassen sich selbst den inzwischen weltweit erstellten kleinmaßstäblichen topographischen Karten mit größerer Zuverlässigkeit entnehmen als den geomorphologischen Beschreibungen z.B. der "exzessiven Talbildungszone" oder des fluvialen Abtragungsreliefs der wechselfeuchten Tropen.[5] Für das darüberhinausgehende praktische Interesse an einer Verfügbarmachung von Naturprozessen etwa zum Zwecke gezielter und in ihren Folgen kalkulierbarer Eingriffe in den Naturhaushalt erweist sich aber das theoretische Niveau der traditionellen Geomorphologie als prinzipiell inadäquat.

Zudem hat die traditionelle Geomorphologie selbst im Kontext der Geographie inzwischen ihre Funktion eingebüßt, und zwar aus zweierlei Gründen. Einmal war die klimatische Geomorphologie noch ausdrücklich unter der Zielsetzung angetreten, die für die geographische Theorie des Mensch-Natur-Verhältnisses (oder auch: "anthropogeographisch") relevanten Gestaltmerkmale des Reliefs systematisch beschreibbar zu machen; doch hat sie inzwischen einen Spezialisierungsgrad erreicht - ohne freilich damit den Schritt zu einer prognostizierenden Naturwissenschaft getan zu haben - der selbst für die länder- und landschaftskundliche Geographie keine verwertbaren Ergebnisse mehr zu liefern gestattet, zumal ja eine der großen, geographisch interessanten, "plastischen Gattungen" des Reliefs: "Ebene" und "Gebirge", da tektonischen Ursprungs, von Anfang an als solche per definitionem nicht

---

5) H. MORTENSEN (1943/44, S. 77) bemüht sich daher vergeblich, die praktische Bedeutung der Geomorphologie herauszustreichen, wenn er schreibt: "Wir kennen heute die Gesetzmäßigkeiten der Oberflächenformung trotz aller immer noch vorhandenen Lücken immerhin schon so gut, daß wir auch für ziemlich unbekannte und etwa im Augenblick unzugängliche Gebiete anderer Klimaregionen eine Art morphologischer Landschaftsprognose aufstellen können. Die erhebliche Kriegswichtigkeit einer so verwerteten Morphologie gerade in den letzten Jahren brauche ich nicht zu betonen."

in das Klassifikationssystem der klimatischen Morphologie fiel. Auf der anderen
Seite ist aber innerhalb der zur "Wirtschafts- und Sozialgeographie" entwickelten
Anthropogeographie, die schon von jeher den theoretischen Rahmen für die geographische Beschreibung des Mensch-Natur-Verhältnisses geliefert hat, mittlerweile
der platte Naturdeterminismus eines Friedrich Ratzel, der die sozialen und ökonomischen Verhältnisse u.a. auf Typen der Bodenplastik zurückführen wollte, obsolet
geworden.

So hat sich der Widerspruch zwischen gesellschaftlichem Auftrag und methodologischen Normen, den die Geomorphologie als Teildisziplin der Geographie seit ihrer
Entstehung auszutragen hatte, von selbst gelöst: Die Geomorphologie ist ebensowenig in der Lage gewesen, sich als Naturwissenschaft von der Geographie zu lösen
(wohl ein überwiegend organisationssoziologisches Problem), wie als exakte Wissenschaft der Geographie zu Diensten zu sein (ein Problem, das vorwiegend aus der
wissenschaftlichen "Grundperspektive" der Gesamtgeographie resultiert) - sie hat
ihren gesellschaftlichen Ort verloren. Die deutsche geographische Morphologie,
einst "Mittelpunkt" und "Basis" einer vom öffentlichen Interesse getragenen Geographie, findet sich heute, nach fast genau hundert Jahren ihrer Geschichte, in
der Rolle einer von der allgemeinen wissenschaftliche Entwicklung isolierten und
irrelevanten Disziplin wieder[6], der sich nur dann eine Perspektive eröffnen wird,
wenn sie mit ihrem bisherigen ("geographischen") Erkenntnisinteresse radikal
bricht und sich, dem Beispiel der angelsächsischen und schwedischen Geomorphologie folgend, von dem ganz anderen Erkenntnisinteresse der Verfügung über Naturprozesse leiten läßt. Ob sie dann weiterhin als Teildisziplin der Geographie begriffen werden kann, hängt weitgehend davon ab, inwieweit sich in der Geographie
die Erkenntnis durchsetzt, daß Menschen sich nicht durch das Überqueren von Gebirgen und das Durchwandern von Ebenen, sondern durch den Produktionsprozeß zur Natur
ins Verhältnis setzen.

---

6) "Gerade die dominierende, mehr oder weniger 'traditionelle' Geomorphologie,
   die sich einst zugute hielt, Basis und Mittelpunkt der ganzen Geographie oder
   wenigstens der physischen Geographie zu sein, ist ironischerweise für die moderne Geographie des Menschen fast ohne Belang, für die übrigen Teile der physischen Geographie und für die Geowissenschaft fast ohne Interesse. Und
   schließlich ist sie auch ohne Bedeutung für menschliches Handeln und weithin
   ohne technologische Perspektiven: sehr im Gegensatz zu manchen anderen Erdwis-
   senschaften, die sich solcher unmittelbaren Bezüge zum 'Menschen' und zur
   'Kultur' nie gerühmt haben." (G. HARD, 1973, S. 131 f.)

LITERATURVERZEICHNIS

Abkürzungen:
GR   Geographische Rundschau
GZ   Geographische Zeitschrift
PM   Petermanns Geographische Mitteilungen

ALLEN, J. R. L. 1971: Physical Processes of Sedimentation. An Introduction.
          2. Aufl. London

APEL, K. O. 1955: Das Verstehen. Eine Problemgeschichte als Begriffsgeschichte.
          Archiv f. Begriffsgeschichte 1, S. 142 - 199.

AXELSSON, V. 1967: The Laiture Delta. A Study of Morphology and Processes.
          Geogr. Annaler. 49A, S. 1 - 127.

BARTELS, D. 1968: Zur wissenschaftstheoretischen Grundlegung einer Geographie
          des Menschen. GZ, Beihefte 19.

BARTELS, D. (Hrsg.) 1970: Wirtschafts- und Sozialgeographie. Neue Wissenschaftl.
          Bibliothek, Bd. 35, Köln und Berlin.

BARTELS, D. 1970: Einleitung zu D. Bartels (Hrsg.) 1970, S. 13 - 45.

BARTH, H. 1855: Dr. Heinrich Barth's Reisen und Entdeckungen in Nord- und Central-
          Afrika in den Jahren 1850, 1851...1855. PM 1, S. 307 -
          310.

BASTIAN, A. 1882: Die Ethnologie und deren Aufgabe. Verh. 1. Dt. Geographentag,
          S. 47 - 57.

BAULIG, H. 1950: William Morris Davis. Master of Method. Ann. Ass. Amer. Geogr. 40,
          S. 188 - 195.

BECK, H. 1973: Geographie. Europäische Entwicklung in Texten und Erläuterungen.
          München.

BEHRMANN, W. 1915: Die Formen der Tieflandflüsse. GZ 21, S. 459 - 466.

BEHRMANN, W. 1933: Morphologie der Erdoberfläche. In: Handb. d. geogr. Wiss.,
          hrsg. v. F. Klute, Bd.: "Allgemeine Geographie I",
          Potsdam, S. 356 - 556.

BERNAL, J. D. 1970: Wissenschaft. Science in History, Bd. 1 - 4. Reinbek.

BLUME, H. 1958: Das morphologische Werk Heinrich Schmitthenners. Zschr. f. Geo-
          morphologie NF 2, S. 149 - 164.

BLUMENBERG, H. 1965: Die Kopernikanische Wende. Frankfurt a.M.

BRAUN, G. 1930: Grundzüge der Physiogeographie, mit Benutzung von W. M. Davis
          Physical Geography und der deutschen Ausgabe. Bd. 2
          (Allgemeine vergleichende Physiogeographie). 3. Aufl.
          Leipzig und Berlin.

BREMER, H. 1971: Flüsse, Flächen- und Stufenbildung in den feuchten Tropen. Würzburger Geogr. Arb., H. 35.

BROSCOE, A. J. 1959: Quantitative Analysis of Longitudinal Stream Profiles of Small Watersheds. Columbia Univ., Dept. of Geology, Rept. Nr. 18, Office of Naval Research, Contract N 6 ONR 271 - 330.

BROCKNER, E. 1897: Die feste Erdrinde und ihre Formen. Ein Abriß der allgemeinen Geologie und der Morphologie der Erdoberfläche. Prag, Wien und Leipzig.

BODEL, J. 1938: Das Verhältnis von Rumpftreppen zu Schichtstufen in ihrer Entwicklung seit dem Alttertiär. PM 84, S. 229 - 238.

BODEL, J. 1950: Das System der Klimatischen Morphologie, Tagungsber. u. wissensch. Abh. 27. Dt. Geographentag, S. 65 - 100.

BODEL, J. 1957: Die "Doppelten Einebnungsflächen" in den feuchten Tropen. Zschr. f. Geomorph. NF 1, S. 201 - 228.

BODEL, J. 1957a: Grundzüge der klimamorphologischen Entwicklung Frankens. Würzburger Geogr. Arb., H. 4/5, S. 5 - 46.

BODEL, J. 1960: Die Frostschuttzone Südost-Spitzbergens. Coll. Geogr., Bd. 6.

BODEL, J. 1963: Klimagenetische Gemorphologie. GR 15, S. 269 - 285.

BODEL, J. 1965: Die Relieftypen der Flächenspülzone Südindiens am Ostabfall Dekans gegen Madras. Coll. Geogr., Bd. 8

BODEL, J. 1969: Der Eisrindeneffekt als Motor der Tiefenerosion in der exzessiven Talbildungszone. Würzburger Geogr. Arb., H. 25.

BODEL, J. 1969a: Das System der klima-genetischen Geomorphologie. Erdkunde 23, S. 165 - 183.

BODEL, J. 1970: Der Begriff "Tal". Tübinger Geogr. Studien, H. 34 (Wilhelmy-Festschrift), S. 21 - 32.

BODEL, J. 1971: Das natürliche System der Geomorphologie. Würzburger Geograph. Arb., H. 34

BULTHAUP , P. 1973: Zur gesellschaftlichen Funktion der Naturwissenschaften. Frankfurt a.M.

CHORLEY, R. J. 1967: Models in Geomorphology. In: R. J. Chorley and P. Haggett (Hrsg.) 1970, S. 59 - 96.

CHORLEY, R. J. 1969: Water, Earth and Man. A Synthesis of Hydrology, Geomorphology and Socio-economic Geography. London.

CORLEY, R. J. 1970: A Re-Evaluation of the Geomorphic System of W. M. Davis. in: R. J. Chorley and P. Haggett (Hrsg.) 1970, S. 21 - 38.

CHORLEY, R. J. and HAGGETT, P. (Hrsg.) 1967: Models in Geography. London.

CHORLEY, R. J. and HAGGETT, P. (Hrsg.) 1970: Frontiers in Geographical Teaching. London.

CORRESPONDENZBLATT der Afrikanischen Gesellschaft, hrsg. v. W. Koner. 1873 - 77.

CZAJKA, W. 1958: Schwemmfächerbildung und Schwemmfächerformen. Mitt. Geogr. Ges. Wien. Bd. 100. (Festschr. Hans Spreitzer), S. 18 - 36.

DAVIDSON, B. 1966: Vom Sklavenhandel zur Kolonialisierung. Afrikanisch-europäische Beziehungen zwischen 1500 und 1900. Reinbek.

DAVIS. W. M. 1899: The Peneplain. The Amer. Geologist 23, S. 207 - 239.

DAVIS, W. M. 1899a: The Geographical Cycle. Geogr. Journ. 14, S. 481 - 504.

DAVIS, W. M. 1922: Peneplains and the Geographical Cycle. Bull. Geol. Soc. Amer. 33.

DAVIS, W. M. 1923: Rezension von A. Hettner: Die Oberflächenformen des Festlandes. Geogr. Review 13, S. 318 - 321.

DAVIS, W. M. und BRAUN, G. 1911: Grundzüge der Physiogeographie. Leipzig und Berlin.

DAVIS, W. M. und ROHL, A. 1912: Die erklärende Beschreibung der Landformen. Leipzig und Berlin.

DRYGALSKI, E. v. 1912: Die Entstehung der Trogtäler zur Eiszeit. PM 58/II, S. 8 f.

DURY, G. H. 1969: Perspectives on Geomorphic Processes. Ass. Amer. Geogr., Common College Geogr., Recource Paper No. 3

EGGERT, C. 1885: Die Aussichten des Panama-Kanals, Verh. 5. Dt. Geographentag, S. 51 - 62.

EISEL, U. 1972: Über die Struktur des Fortschritts in der Naturwissenschaft. Geografiker 7/8, S. 3 - 44.

EISEL, U. 1973: Über den Zusammenhang zwischen idealistischer Geschichtsauffassung und geographischer Theorie. Diplom-Arbeit am Fachbereich 24 FU Berlin. Manuskript.

FEYERABEND, P. K. 1970: Wie wird man ein braver Empirist? Ein Aufruf zur Toleranz in der Erkenntnistheorie. In: L. Krüger (Hrsg) 1970, S. 302 - 335.

FISCHER, G. A. 1885: Verwendung des Europäers im tropischen Afrika. Verh. 5. Dt. Geographentag, S. 63 - 79.

FRIEDERICHSEN, M. 1914: Moderne Methoden der Erforschung, Beschreibung und Erklärung geographischer Landschaften. Geogr. Bausteine, Schriften Verb. Dt. Schulgeographen, H. 6.

GILBERT, G. K. 1877: Geology of the Henry Mountains (Utah). US. Geol. Survey of the Rocky Mountains Region.

GILBERT, G. K. 1914: The Transportation of Debris by Running Water. US. Geol. Survey, Prof. Paper 86.

GLEN, J. W. 1952: Experiments on the Deformation of Ice. Journ. Glaciol., S. 111 - 114.

HABERMAS, J. 1968: Erkenntnis und Interesse. Frankfurt a.M.

HACK, J. T. 1960: Interpretation of Erosional Topography in Humid Temperate Regions. Amer. Journ. Science 258-A, S. 80 - 97.

HAHN, F. G. 1886: Küsteneinteilung und Küstenentwicklung im verkehrsgeographischen Sinne. Verh. 5. Dt. Geographentag, S. 99 - 117.

HAHN, F. 1914: Methodische Untersuchungen über die Grenzen der Geographie (Erdbe-
          schreibung) gegen die Nachbarwissenschaften. PM 60/I,
          S. 1 - 4, 65 - 68, 121 - 124.

HARD, G. 1969: Die Diffusion der "Idee der Landschaft". Präliminarien zu einer
          Geschichte der Landschaftsgeographie. Erdkunde 23,
          S. 249 - 264.

HARD, G. 1970: Die "Landschaft" der Sprache und die "Landschaft" der Geographen.
          Semantische und forschungslogische Studien zu einigen
          zentralen Denkfiguren in der deutschen geographischen
          Literatur. Coll. Geogr., Bd. 11.

HARD, G. 1971: Über die Gleichzeitigkeit des Ungleichzeitigen. Anmerkungen zur
          jüngsten methodologischen Literatur in der deutschen
          Geographie. Geographiker 6, S. 12 - 24.

HARD, G. 1973: Die Geographie. Eine wissenschaftstheoretische Einführung. Berlin,
          New York.

HARD, G. 1973a: Zur Methodologie und Zukunft der Physischen Geographie an Hoch-
          schule und Schule. GZ 61, S. 5 - 35.

HEGEL, G. W. F.: System der Philosophie I (Die Logik). Glockner Jubiläumsausgabe
          Bd. 8, Stuttgart 1955.

HETTNER, A. 1895: Geographische Forschung und Bildung. GZ 1, S. 1 - 19.

HETTNER, A. 1898: Die Entwicklung der Geographie im 19. Jahrhundert. GZ 4,
          S. 305 - 320.

HETTNER, A. 1905: Das Wesen und die Methoden der Geographie. GZ 11, S. 545 - 564,
          615 - 629, 671 - 686.

HETTNER, A. 1910: Die Arbeit des fließenden Wassers. GZ 16, S. 365 - 384.

HETTNER, A. 1911: Davis, William Morris, Geographical Essays, ed. by D. W. John-
          son, 1909. Buchbesprechung. GZ 17, S. 53 - 55.

HETTNER, A. 1911a: Die Terminologie der Oberflächenformen. GZ 17, S. 135 - 144.

HETTNER, A. 1911b: Die Klimate der Erde. GZ 17, S. 425 - 435, 482 - 502, 545 -
          565, 618 - 633, 675 - 685.

HETTNER, A. 1912: Alter und Form der Täler. GZ 18, S. 665 - 682.

HETTNER, A. 1913: Die Entstehung des Talnetzes. GZ 19, S. 153 - 161.

HETTNER, A. 1914: Die Entwicklung der Landoberfläche. GZ 20, S. 129 - 145.

HETTNER, A. 1914a: Die Vorgänge der Umlagerung an der Erdoberfläche und die mor-
          phologische Korrelation. GZ 20, S. 185 ff.

HETTNER, A. 1919: Die morphologische Forschung. GZ 25, S. 341 - 352.

HETTNER, A. 1921: Die Davis'sche Lehre in der Morphologie des Festlandes. Geogr.
          Anzeiger, Jg. 22, H.1/2, S. 1 - 6.

HETTNER, A. 1927: Die Geographie. Ihre Geschichte, ihr Wesen und ihre Methoden.
          Breslau.

HÖVERMANN, J. 1965: 40 Jahre moderne Geomorphologie. Göttinger Geogr. Abh. H. 34, S. 11 - 19.

HÖVERMANN, J. 1965a: Hans Mortensen in memoriam, Zschr. f. Geomorph. NF 9, S. 1 - 15.

HÖVERMANN, J. 1967: Hangformen und Hangentwicklung zwischen Syrte und Tschad. L'évolution des versants. Congr. Coll. Univ. Liège, S. 139 - 156.

HOLTEN, H. V. 1877: Reise von Cochabamba an den Chapare und Chimore in den Monaten Mai und Juni 1876. Zschr. Ges. f. Erdk. Berlin, S. 116 - 145.

HORMANN, K. 1963: Das Längsprofil der Flüsse. Zschr. f. Geomorph. NF 9. S. 437 - 456.

HORTON, R. E. 1945: Erosional Development of Streams and Their Drainage Basins: Hydrophysical Approach to Quantitative Morphology. Bull. Geol. Soc. Amer. 56, S. 275 - 370.

JESSEN, O. 1930: Der Vergleich als ein Mittel geographischer Schilderung und Forschung. In: Hermann Wagner-Gedächtnisschrift, PM Erg. H. 209, S. 17 - 28.

JESSEN, O. 1938: Tertiärklima und Mittelgebirgsmorphologie. Zschr. Ges. f. Erdk. Berlin, S. 36 - 49.

JUNKER, W. 1877: Bericht über eine Fahrt auf dem Sobat. Zschr. Ges. f. Erdk. Berlin, S. 1 - 7.

KIRCHHOFF, A. 1880: Die Südseeinseln und der deutsche Südseehandel. Heidelberg.

KÖRNER, H. 1954: Gletschermechanik und Gletscherbewegung. Zschr. f. Gletscherkunde NF 3, S. 1 - 17.

KREBS, N. 1937: Talnetzstudien. Sitzungsber. Preuß. Akad. Wiss. Phys. Nat. Kl. 4, S. 3 - 23

KRÖGER, L. (Hrsg.) 1970: Erkenntnisprobleme der Naturwissenschaften. Texte zur Einführung in die Philosopie der Wissenschaft. Neue Wissenschaftl. Bibliothek, Bd. 38. Köln und Berlin.

KUHN, Th. S. 1967: Die Struktur wissenschaftlicher Revolutionen. Frankfurt a.M.

LAUTENSACH, H. 1967: Wesen und Methoden der geographischen Wissenschaft. Darmstadt.

LEHMANN, O. 1937: Der Zerfall der Kausalität und die Geographie. Zürich.

LEIGHLY, J. 1955: What Has Happened to Physical Geography? Ann. Ass. Amer. Geogr., Bd. 45, S. 309 - 318.

LEOPOLD, L. B. and MADDOCK, Th. 1953: The Hydraulic Geometry of Stream Channels and some Physiographic Implications. US. Geol. Survey, Prof. Paper 252.

LEOPOLD, L. B. and LANGBEIN, W. B. 1962: The Concept of Entropy in Landscape Evolution. US Geol. Survey, Prof. Paper 500-A.

LEOPOLD, L. B., WOLMAN, G. M. and MILLER, J. P. 1964: Fluvial Processes in Geomorphology. London.

LESER, H. 1973: Zum Konzept einer Angewandten Physischen Geographie. GZ 61,
S. 36 - 46.

LOUIS, H. 1935: Probleme der Rumpfflächen und Rumpftreppen. Verh. 25. Dt. Geographentag, S. 118 - 133.

LOUIS, H. 1957: Rumpfflächenprobleme, Erosionszyklus und Klimageomorphologie. In:
Geomorph. Studien (Machatschek-Festschrift), PM Erg.
H. 262, S. 9 - 26.

LOUIS, H. 1961: Über Weiterentwicklungen in den Grundvorstellungen der Geomorphologie. Zschr. f. Geomorph. NF 5, S. 194 - 210.

LOUIS, H. 1964: Über Rumpfflächen und Talbildung in den wechselfeuchten Tropen.
Zschr. f. Geomorph. NF 8 (Sonderheft zum 70. Geburts-
tag von H. Mortensen), S. 43 - 70.

LOUIS, H. 1968: Allgemeine Geomorphologie. Lehrbuch der Allgemeinen Geographie,
Bd. 1, 3. Aufl. Berlin.

LOUIS, H. 1968a: Über Spülmulden und benachbarte Formbegriffe. Zschr. f. Geomorph.
NF 12, S. 490 - 501.

LUSTIG, L. K. 1965: The Geomorphologic and Paleoclimatic Significance of Alluvial
Deposits in Southern Arizona: a Discussion. Journ. Geol.
73, S. 95 - 102.

MACHATSCHEK, F. 1919: Geomorphologie. Allgemeine Geographie 3. Leipzig und Berlin.

MACHATSCHEK, F. 1955: Das Relief der Erde. Versuch einer regionalen Morphologie
der Erdoberfläche. Bd. 1, 2. Aufl. Berlin.

MACHATSCHEK, F. 1955a: Das Relief der Erde. Versuch einer regionalen Morphologie
der Erdoberfläche, Bd. 2, 2. Aufl. Berlin.

MACHATSCHEK, F. 1964: Geomorphologie. Bearbeitet v. H. Graul und C. Rathjens,
8. neubearb. Aufl. Stuttgart.

MARTHE, F. 1877: Begriff, Ziel und Methode der Geographie und Richthofen's China,
Bd. 1. Zschr. Ges. f. Erdk. Berlin, S. 422 - 478.

MAULL, O. 1958: Handbuch der Geomorphologie. 2. neubearb. u. erw. Aufl. Wien.

MC CONNELL, H. 1966: A Statistical Analysis of Spatial Variability of Mean Topo-
graphic Slope on Stream-Dissected Glacial Materials.
Ann. Ass. Amer. Geogr. 56, S. 712 - 728.

MELAND, N. and NORMANN, J. O. 1969: Transport Velocities of Individual Size
Fractions in Heterogenous Bed Load. Geogr. Annaler 51 A,
S. 127 - 144.

MELTON, M. A. 1965: The Geomorphic and Paleoclimatic Significance of Alluvial
Deposits in Southern Arizona. Journ. Geol. 73, S. 1 - 38.

MELTON, M. A. 1965a: The Geomorphic and Paleoclimatic Significance of Alluvial
Deposits in Southern Arizona: A Reply. Journ. Geol. 73,
S. 102 - 106.

MEYER, H. 1910: Die Landeskundliche Kommission des Reichskolonialamtes. Koloniale
Rundschau.

MEYER, R. 1967: Studien über Inselberge und Rumpfflächen in Nordtransvaal. Münchner Geogr. Hefte, H. 31.

MITTEILUNGEN der Afrikanischen Gesellschaft in Deutschland. 1878 - 1889.

MOEBUS, J. 1973: Ober die Bestimmung des Wilden und die Entwicklung des Verwertungsstandpunktes bei Kolumbus. Das Argument 79, S. 273 - 307.

MORTENSEN, H. 1927: Die Oberflächenformen der Winterregengebiete. In: F. Thorbecke (Hrsg.) 1927, S. 37 - 46.

MORTENSEN, H. 1930: Einige Oberflächenformen in Chile und auf Spitzbergen im Rahmen einer vergleichenden Morphologie der Klimazonen. In: Hermann Wagner-Gedächtnisschrift, PM Erg. H. 209, S. 147 - 156.

MORTENSEN, H. 1942: Zur Theorie der Flußerosion. Nachr. Adad. Wiss. Göttingen, Math.-Phys. Klasse, H. 3, S. 36 - 56.

MORTENSEN, H. 1943/44: Sechzig Jahre moderne geographische Morphologie. Jb. Akad. Wiss. Göttingen, S. 33 - 77.

MORTENSEN, H. 1947: Zur Theorie der Flußerosion. Erwiderung an A. Philippson. Erdkunde 1, S. 213 ff.

MORTENSEN, H. 1949: Rumpffläche - Stufenlandschaft - Alternierende Abtragung, PM 93, S. 1 - 14.

MORTENSEN, H. 1950: Das Gesetz der Wüstenbildung. Universitas, Bd. 5, S. 801 - 814.

MORTENSEN, H. 1963: Abtragung und Formung. Nachr. Akad. Wiss. Göttingen, 2. Math.-Phys. Klasse, S. 17 - 27

MORTENSEN, H. und HÖVERMANN, J. 1957: Filmaufnahmen der Schotterbewegungen im Wildbach. In: Geomorph. Studien (Machatschek-Festschrift), PM Erg. H. 262, S. 43 - 52.

NACHTIGAL, G. 1882: Ansprache des Vorsitzenden der Gesellschaft für Erdkunde in Berlin. Verh. 1. Dt. Geographentag, S. 3 - 14.

NEYE, J. F. 1952: The Mechanics of Glacier Flow. Journ. Claciol. 2, S. 82 - 93.

NICKEL, H. J. 1971: Sozialgeographie oder Wie man die Neuerfindung der Soziologie vermeidet. Mitt. Geogr. Fachschaft Freiburg NF 2, S. 25 - 70

OBST, E. 1926: Wir fordern unsere Kolonien zurück. Zschr. f. Geopolitik 3. S. 151 - 160.

OROWAN, E. 1948: Joint Meeting of the British Glaciological Society, the British Rheologist's Club and the Institute of Metals. Journ. Glaciol., S. 231 - 240.

PARTSCH, J. 1899: Die Geographische Arbeit des 19. Jahrhunderts. Breslau.

PASSARGE, S. 1905: Die Buschmänner der Kalahari. Mitt. v. Forschungsreisenden u. Gelehrten aus dt. Schutzgebieten, Bd. 18, S. 194 - 292.

PASSARGE, S. 1912: Physiologische Morphologie. Mitt. Geogr. Ges. Hamburg 26, S. 133 - 337.

PASSARGE, S. 1912a: Physiologische Morphologie. PM 58/II, S. 5 - 8.

PASSARGE, S. 1912b: Über die Herausgabe des physiologischen Atlas. Verh. 18. Dt.
Geographentag, S. 236 - 247.

PASSARGE, S. 1913: Physiogeographie und Vergleichende Landschaftsgeographie.
Mitt. Geogr. Ges. Hamburg 27, S. 121 - 151.

PASSARGE, S. 1919: Die Vorzeitformen der deutschen Mittelgebirgslandschaft. PM 65,
S. 41 - 46.

PASSARGE, S. 1924: Landeskunde und Vergleichende Landschaftskunde. Zschr. Ges. f.
Erdk. Berlin, S. 331 - 335.

PASSARGE, S. 1924a: Das Problem der Skulptur-Inselberglandschaften. PM 70,
S. 66 - 70 und 117 - 120.

PASSARGE, S. 1924b: Vergleichende Landschaftskunde. H. 4. Der heisse Gürtel.
Berlin.

PASSARGE, S. 1925: Harmonie und Rhytmus in der Landschaft. PM 71, S. 250 - 252.

PASSARGE, S. 1926: Morphologie der Klimazonen oder Morphologie der Landschafts-
gürtel? PM 72, S. 173 - 175.

PASSARGE, S. o.J., Die Erde und ihr Wirtschaftsleben. Hamburg und Berlin.

PASSARGE, S. 1929: Morphologie der Erdoberfläche. Breslau.

PASSARGE, S. 1930: Wesen, Aufgaben und Grenzen der Landschaftskunde. In: Hermann-
Wagner-Gedächtnisschrift, PM Erg. H. 209, S. 29 - 44.

PENCK, A. 1883: Einfluss des Klimas auf die Gestalt der Erdoberfläche. Verh.
3. Dt. Geographentag, S. 78 - 92.

PENCK, A. 1889: Das Endziel der Erosion und Denudation. Verh. 8. Dt. Geographentag, S. 91 - 100.

PENCK, A. 1891: Die Formen der Landoberfläche. Verh. 9. Dt. Geographentag,
S. 28 - 37.

PENCK, A. 1894: Morphologie der Erdoberfläche, Bd. 1. Stuttgart.

PENCK, A. 1894a: Morphologie der Erdoberfläche, Bd. 2. Stuttgart.

PENCK, A. 1910: Versuch einer Klimaklassifikation auf physiogeographischer Grundlage. Sitzungsber. Akad. Wiss., Phys.-Math. Klasse Berlin,
S. 236 - 246.

PENCK, A. 1913: Die Formen der Landoberfläche und Verschiebungen der Klimagürtel.
Sitzungsber. Akad. Wiss., Phys.-Math. Klasse Berlin,
S. 77 - 97.

PENCK, A. 1928: Neue Geographie. Zschr. Ges. f. Erdk. Berlin. Jubiläumssonderband
1928, S. 31 - 56.

PENCK, A. 1928a: Die Geographie unter den erdkundlichen Wissenschaften. Die Naturwissenschaften, Jg. 16, H. 3, S. 33 - 41.

PENCK, W. 1924: Die morphologische Analyse. Ein Kapitel der physikalischen Geologie. Stuttgart.

PESCHEL, D. 1876: Neue Probleme der Vergleichenden Erdkunde als Versuch einer Morphologie der Erdoberfläche. 2. Aufl. Leipzig.

PESCHEL, D. 1877: Abhandlungen zur Erd- und Völkerkunde. Bd. 1, hrsg. v. J. Löwenberg. Leipzig.

PESCHUEL-LOESCHE 1883: Der Gebirgslauf des Kongo. Verh. 3. Dt. Geographentag, S. 12 - 20.

PETERMANN, A. 1855: Vorwort zu PM 1, S. 1 f.

PETERMANN, A. 1855a: Zur Physikalischen Geographie der Australischen Provinz Victoria. PM 1, S. 345 - 360.

PETERMANN, A. 1866: Vorschlag zur Gründung einer großen Deutschen Geographischen Gesellschaft. PM 12, S. 159 - 162.

PETERMANN, A. 1866a: Das Projekt einer neuen Geographischen Gesellschaft zur Unterstützung, Ausrüstung und Aussendung von Entdeckungs- und Erforschungsunternehmen. PM 12, S. 409 - 412.

PETRI, E. 1886: Die Erschließung Sibiriens. Verh. 6. Dt. Geographentag, S. 168 - 183.

PHILIPPSON, A. 1886: Ein Beitrag zur Erosionstheorie. PM 32, S. 67 - 79.

PHILIPPSON, A. 1896: Die Morphologie der Erdoberfläche in dem letzten Jahrzehnt. (1885 - 1894). GZ 2, S. 512 ff.

PHILIPPSON, A. 1919: Die Lehre vom Formenschatz der Erdoberfläche - als Grundlage für die Geographische Wissenschaft. Geogr. Abende im Zentralinstitut f. Erziehung u. Unterricht, H. 2.

PHILIPPSON, A. 1921: Grundzüge der Allgemeinen Geographie, Bd. 1. Leipzig.

PHILIPPSON, A. 1923: Grundzüge der Allgemeinen Geographie, Bd. 2/1. Leipzig.

PHILIPPSON, A. 1924: Grundzüge der Allgemeinen Geographie, Bd. 2/2. Leipzig.

POPPER, K. R. 1966: Logik der Forschung, 2. Aufl. Tübingen.

RATHJENS, C. o. J., Die Stellung der Morphologie in der Geographischen Wissenschaft und ihr heutiger Stand. Monatshefte 20, S. 129 - 134 (Separatdruck).

RATZEL, F. 1881: Die Erde - in vierundzwanzig gemeinverständlichen Vorträge über Allgemeine Erdkunde. Stuttgart.

RATZEL, F. 1882: Anthropogeographie oder Grundzüge der Anwendung der Erdkunde auf die Geschichte. Stuttgart.

RATZEL, F. 1883: Die Bedeutung der Polarforschung für die Geographie. Verh. 3. Dt. Geographentag, S. 21 - 37.

RATZEL, F. 1885: Aufgaben geographischer Forschung in der Antarktis. Verh. 5. Dt. Geographentag, S. 8 - 24.

REICHARD, P. 1887: Reisebeobachtungen aus Ostafrika, Verh. 7. Dt. Geographetag, S. 91 - 111.

149

REIN, J. 1883: Eröffnungsansprache. Verh. 3. Dt. Geographentag, S. 3 - 7.

REIN, J. 1887: Über Marokko. Verh. 7. Dt. Geographentag, S. 74 - 90.

RICHTHOFEN, F. v. 1864: Die Metall-Produktion Californiens und der angrenzenden
Länder. PM Erg. H. 14.

RICHTHOFEN, F. v. 1869: Neueste Reisen und Forschungen in China. Baron F. v.
Richthofen's geologische Untersuchungen seit September
1868. (Schreiben aus Chi-fu vom 7.5.1869). PM 15,
S. 321 - 323.

RICHTHOFEN, F. v. 1870: "Baron F. v. Richthofens Reise in China". PM 16, S. 77 f.

RICHTHOFEN, F. v. 1877: China. Ergebnisse eigener Reisen und darauf gegründeter
Studien. Bd. 1. Berlin.

RICHTHOFEN, F. v. 1883: Aufgaben und Methoden der heutigen Geographie. Leipzig.

RICHTHOFEN, F. v. 1897: Kiau tschou. Seine Weltstellung und voraussichtliche Bedeutung. Berlin.

RICHTHOFEN, F. v. 1901: Führer für Forschungsreisende - Anleitung zu Beobachtungen über Gegenstände der Physischen Geographie und Geo-
logie. Neudruck der Aufl. v. 1886. Hannover.

RICHTHOFEN, F. v. 1903: Triebkräfte und Richtungen der Erdkunde im 19. Jahrhundert. Zschr. Ges. f. Erdk. Berlin, S. 665 - 692.

RICHTHOFEN, F. v. 1912: Chinas Binnenverkehr in seinen Beziehungen zur Natur des
Landes. Mitt. Ferdinand-von-Richthofen-Tag 1912 (Sepa-
ratdruck).

RITTER, K. 1822: Die Erdkunde im Verhältnis zur Natur und zur Geschichte des
Menschen oder Allgemeine Vergleichende Geographie als
sichere Grundlage des Studiums und Unterrichts in physikalischen und historischen Wissenschaften. 2. Aufl.
Berlin.

RITTER, K. 1852: Über eine geographische Productenkunde (1836). In: Einleitung
zur Allgemeinen Vergleichenden Erdkunde und Abhandlung
zur Begründung einer mehr wissenschaftlichen Behandlung
der Erkunde. Berlin. S. 182 - 205.

RÖDEL, U. 1972: Forschungsprioritäten und technologische Entwicklung. Frankfurt a.M.

ROHDENBURG, H. 1971: Einführung in die Klimagenetische Geomorphologie. 2. Aufl.
Giessen.

ROHLFS, G. 1877: Eine Eisenbahn nach Central-Afrika. PM 23, S. 45 - 53.

SAPPER, K. 1933: Die anthropogeographische Bedeutung der geomorphologischen Gebilde.
Geogr. Anzeiger 34, S. 274 - 281.

SCHAEFER, F. K. 1970: Exzeptionalismus in der Geographie. Eine methodologische
Untersuchung. In: D. Bartels (Hrsg.) 1970, S. 50 - 65.

SCHIMPER, W. 1877: Die geologischen und physikalischen Verhältnisse des Districts
Arrho und der Salzhandel in Abyssinien. Zschr. Ges. f.
Erdk. Berlin 12, S. 109 - 116.

SCHLEINITZ, Freiherr v. 1877: Geographische und ethnographische Beobachtungen auf Neu-Guinea, dem Neu-Britannia- und Salomons-Archipel, angestellt auf S.M.S. "Gazelle" bei ihrer Reise um die Erde 1874 - 76. Zschr. Ges. f. Erdk. Berlin, S. 230 - 266.

SCHMITTHENNER, H. 1920: Die Entstehung der Stufenlandschaft. GZ 26, S. 207 - 229.

SCHMITTHENNER, H. 1926: Die Entstehung der Dellen und ihre morphologische Bedeutung. Zschr. f. Geomorph. 1, S. 3 - 28.

SCHMITTHENNER, H. 1930: Probleme der Stufenlandschaft. In: Hermann-Wagner-Gedächtnisschrift, PM ERg. H. 209, S. 97 - 109.

SCHMITTHENNER, H. 1954: Zum Problem der Allgemeinen Geographie und der Länderkunde. Münchner Geogr. Hefte, H. 4.

SCHMITTHENNER, H. 1954a: Die Regeln der morphologischen Gestaltung im Schichtstufenland. PM 98, S. 3 - 10.

SCHMITTHENNER, H. 1956: Probleme der Schichtstufenlandschaft. Marburger Geogr. Schriften, Bd. 3.

SCHMITTHENNER, H. 1957: Oscar Peschel und die Geomorphologie. In: Geomorph. Studien (Machatschek-Festschrift). PM Erg. H. 262, S. 1 - 8.

SCHREPFER, H. 1926: Die morphologische Analyse nach Walther Penck, Zschr. Ges. f. Erdk. Berlin, S. 323 - 335.

SCHULTE-ALTHOFF, F.-J. 1971: Studien zur politischen Wirtschaftsgeschichte der deutschen Geographie im Zeitalter des Imperialismus. Bochumer Geogr. Arb., H. 9.

SCHUMM, S. a. and LICHTY, R. W. 1965: Time, Space and Causality in Geomorphology. Amer. Journ. Science 263, S. 110 - 119.

STRAHLER, A. N. 1950: Davis' Concept of Slope Development Viewed in the Light of Recent Quantitative Investigations. Ann. Ass. Amer. Geogr. Bd. 40, S. 209 - 213.

STRAHLER, A. N. 1950a: Equilibirum Theory of Erosional Slopes Approached by Frequency Distribution Analysis. Amer. Journ. Science 248, S. 573 - 796 und 800 - 814.

SUNDBORG, A. 1956: The River Klarälven. A Study of Fluvial Processes. Geografiska Annaler 38, S. 127 - 316.

SUNDBORG, A. 1964: The Importance of the Sediment Problem in the Technical and Economic Development of River Basins. Annales Academiae Regiae Scientiarum Upsaliensis, Bd. 8, S. 33 - 52.

SUPAN, A. 1889: Über die Aufgaben der Spezialgeographie und ihre gegenwärtige Stellung in der geographischen Literatur. Verh. 8. Dt. Geographentag, S. 76 - 85.

SUPAN, A. 1896: Grundzüge der Physischen Erdkunde. 2. Aufl. Leipzig.

SUPAN, A. 1916: Grundzüge der Physischen Erdkunde, 6. Aufl. Leipzig.

THORBECKE, F. (Hrsg.) 1927: Morphologie der Klimazonen. Düsseldorfer Geogr. Vorträge und Erörterungen. Verh. Geogr. Abt. 89. Tagung d. Ges. dt. Naturforscher und Ärzte in Düsseldorf. 3. Teil. Breslau.

THORBECKE, F. 1927: Klima und Oberflächenformen: Die Stellung des Problems. In:
        F. Thorbecke (Hrsg.) 1927, S. 1 - 3.

TOULMIN, S. o.J., Einführung in die Philosophie der Wissenschaft. Göttingen.
        (Kleine Vandenhoeck-Reihe 308)

TOULMIN, S. 1968: Voraussicht und Verstehen. Ein Versuch über die Ziele der
        Wissenschaft. Frankfurt a.M.

UHLIG, H. 1970: Organisationsplan und System der Geographie. Geoforum 1, S. 19 - 52.

ULE, W. 1925: Physiogeographie des Süßwassers. Grundwasser, Quellen, Flüsse,
        Seen. Enzyklopädie der Erdkunde. Hrsg. v. D. Kende.
        Leipzig und Wien.

WAGNER, H. 1878: Der gegenwärtige Standpunkt der Methode der Erdkunde. Geogr.
        Jb., Bd. 7, S. 550 - 636.

WAGNER, H. 1881: Bericht über die Methodik der Erdkunde. Gotha.

WAGNER, H. 1908: Lehrbuch der Geographie. Bd. 1 (Allgemiene Erdkunde). 8. Aufl.
        Hannover und Leipzig.

WAGNER, H. 1913: Siegfried Passarges "Physiologische Morphologie". PM 59,
        S. 176 - 178.

WAGNER, H. 1920: Lehrbuch der Geographie. Bd. 1 (Allgemeine Erdkunde) Teil 1.
        10. Aufl. Hannover.

WAGNER, H. 1922: Lehrbuch der Geographie. Bd. 1 (Allgemeine Erdkunde) Teil 2.
        10. Aufl. Hannover.

WELLMER, A. 1967: Methodologie als Erkenntnistheorie. Zur Wissenschaftslehre
        Karl R. Poppers. Frankfurt a.M.

WESTENDARP, W. 1885: Der Elfenbein-Reichtum Afrika's. Verh. 5. Dt. Geographentag,
        S. 80 - 91.

WILHELMY, H. 1958: Klimamorphologie der Massengesteine. Braunschweig.

WISSMANN, v. 1883: Die Durchkreuzung des äquatorialen Afrika. Verh. 3. Dt. Geo-
        graphentag, S. 65 - 77.

WISSMANN, H. v. 1951: Über die seitliche Erosion. Beiträge zu ihrer Beobachtung,
        Theorie und Systematik im Gesamthaushalt fluvialer
        Formenbildung. Coll. Geogr., Bd. 1.

ZELLER, J. 1965: Die "Regime-Theorie", eine neue Methode zur Bemessung stabiler
        Flußgerinne. Schweiz. Bauzeitung 83, S. 67 - 72 und
        87 - 93.

ZELLER, J. 1967: Flußmorphologische Studie zum Mäanderproblem. Geogr. Helvitica 22,
        S. 57 - 95.

ZÖNDEL, G. 1877: Land und Volk der Eweer auf der Sklavenküste in Westafrika. Teil
        1 und 2. Zschr. Ges. f. Erdk. Berlin 12, S. 377 - 421.

"Nachtrag zum Literaturverzeichnis":

NEUMEYER v., 1906: Anleitung zu wissenschaftlichen Beobachtungen auf Reisen.
        Bd. 1, 3. Aufl., Hannover.

OBST, E. 1915: Das abflußlose Rumpfschollenland im nordöstlichen Deutsch-Ostafrika.
        Mitt. Geogr. Ges. Hamburg 29.

GHM Geographische Hochschulmanuskripte

Herausgegeben von der
Gesellschaft zur Förderung regionalwissenschaftlicher Erkenntnisse e. V.

Postfach 1940
2900 Oldenburg

Heft 1   *Zur Kritik der bürgerlichen Industriegeographie*
Ein Seminarbericht
verfaßt von G. BECK, herausg. von einem studentischen Kollektiv.
Göttingen 1973. 269 S., DIN A 5, DM 6.-

Heft 2   *Zur Paradigmengeschichte der Geographie und ihrer Didaktik*
Eine Untersuchung über Geltungsanspruch und Identitätskrise eines Faches
von W. SCHRAMKE. Göttingen 1975 (2., unveränd. Aufl. 1979). 289 S.,
DIN A 5, DM 7.50

Heft 3   *Stadtentwicklungsprozeß - Stadtentwicklungschancen*
Planung in Berlin, Bologna und in der VR China
von J. KOCHLER, M. MOLLER, I. TOMMEL. Göttingen 1976 (2., unveränd. Aufl.
1979). 218 S., 15 Abb., DIN A 5, DM 7.-

Heft 4   *Studien über die Dritte Welt*
Asiatische Produktionsweise (Iran). Ausbreitung kolonialer Herrschaft (Indien)
von H. ASCHE, M. MASSARRAT. Göttingen 1977. 299 S., 27 Abb., DIN A 5, DM 9.-

Heft 5   *Ballungsgebiete und räumliche Disproportionalitäten*
Unterrichtseinheit für einen Grundkurs in der Sekundarstufe II
von H. BOTTCHER. Göttingen 1977. 135 S., 23 Abb., 16 Arbeitsbögen, 4 Projektions-Vorlagen, DIN A 4, DM 12.-

Heft 6   *Geographie als politische Bildung*
Beiträge und Materialien für den Unterricht
Göttingen 1978. 331 S., 69 Abb., 21 Arbeitsbögen, 9 Projektions-Vorlagen,
DIN A 4, DM 16.-

Heft 7   *Wohnen und Stadtentwicklung*
Ein Reader für Lehrer und Planer
herausg. von W. SCHRAMKE und J. STRASSEL. 2 Bände
Teilband 1 (= GHM 7.1): Oldenburg 1979. 388 S., 44 Abb., zahlr. Tab.,
DIN A 5, DM 11.-
Teilband 2 (= GHM 7.2): Oldenburg 1978. 325 S., 67 Abb., zahlr. Tab.,
DIN A 5, DM 9.-

Bankverbindung: Volksbank Göttingen (BLZ 260 900 50), Konto-Nr. 157 082
Postscheckkonto: Postscheckamt Hannover. Konto-Nr. 2993 55 - 308

Lieferung gegen Rechnung
(zuzügl. Portokosten). Bei
Abnahme von mind. 10 Exemplaren
10 % Nachlaß